AF362260

Nouvelle collection scientifique

Directeur : Émile Borel

NOEL BERNARD

Professeur à la Faculté des Sciences de Poitiers.

'Évolution des Plantes

PRÉFACE DE J. COSTANTIN

Membre de l'Institut, Professeur au Muséum d'histoire naturelle.

Avec 27 figures dans le texte.

LIBRAIRIE FÉLIX ALCAN

L'Évolution des Plantes

L'Évolution des Plantes

PAR

NOEL BERNARD

Professeur à la Faculté des sciences de Poitiers

PRÉFACE DE J. COSTANTIN

Membre de l'Institut, professeur au Muséum d'histoire naturelle.

Avec 29 figures dans le texte.

LIBRAIRIE FÉLIX ALCAN

108, BOULEVARD SAINT-GERMAIN, PARIS

Le présent ouvrage, terminé en 1914, est mis en vente seulement en janvier 1918.

ı et d'adaptation

PRÉFACE

L'ouvrage que la librairie Alcan présente aujourd'hui au public mérite une introduction. Noël Bernard est mort à trente-six ans, le 26 janvier 1911, laissant une œuvre importante en voie de rédaction. Ces documents, ces notes, Mme Bernard les a précieusement réunis et, sachant l'affection qui m'unissait à son mari, elle m'a prié d'écrire, pour cet ouvrage, une préface. Je ne pouvais qu'accepter ce triste devoir qui est pour moi l'occasion de mettre en lumière l'originale physionomie du jeune savant qui a été mon élève à l'Ecole normale pendant huit années, et dont j'ai pu suivre le développement intellectuel si rapide. Pour m'aider à faire connaître l'homme à côté du biologiste, Mme Bernard m'a fourni, sur la vie de son mari, des documents précieux, correspondances de famille, lettres d'enfant et de jeune homme. Je voudrais être parvenu, grâce à ces renseignements et à mes souvenirs personnels, à faire revivre cette figure si intéressante dont aucun de ceux qui l'ont connue ne perdra le souvenir.

Peu de semaines après la mort de Noël Bernard, je me trouvai parler de lui avec un de ses camarades les plus éminents et je fus frappé de l'entendre dire ces paroles :

Ce qui m'étonne le plus dans l'évolution scientifique de Bernard, c'est sa rapidité ; il y a dans l'histoire des cas multiples de jeunes intelligences d'une extraordinaire précocité, on en cite de nombreux exemples parmi les mathématiciens [1], mais jusqu'ici on n'en connaissait pas parmi les biologistes. Cela se conçoit, car pour faire un grand naturaliste, il fallait autrefois des efforts immenses et une accumulation extraordinaire de travail ; Bernard paraît avoir changé cette règle : il me rappelle Galois [2].

Ce nom avait un sens qui n'échappera à aucune personne initiée, il signifiait que pour les plus distingués d'entre ses camarades, Bernard paraissait digne du premier rang.

Ainsi jugeaient ses maîtres. Jules Tannery, sous-directeur de l'Ecole normale supérieure, dont l'esprit fin et délicat est connu de tous ceux qui l'ont approché, tenait Bernard en très haute estime et il l'a toujours considéré comme un biologiste d'une qualité particulièrement rare.

1. On peut ajouter parmi les musiciens.

2. Sophus Lie, illustre savant scandinave, n'a pas hésité à placer Galois parmi les « premiers mathématiciens de tous les temps » bien qu'il soit mort tout jeune, en 1832. Il n'avait pas vingt ans quand il fit les découvertes destinées « à l'immortaliser » et qui « ont puissamment contribué à la gloire des mathématiques françaises ». SOPHUS LIE, *Influence de Galois sur le développement des mathématiques* (Centenaire de l'Ecole normale, 1795-1895, p. 480-481).

Tous ceux qui ont fréquenté Bernard pendant ses années d'Ecole normale sont unanimes dans leur manière de penser à son égard, et moi-même, qui ai vu défiler, au cours d'une carrière professorale déjà longue, un grand nombre de naturalistes distingués, je dois dire que j'ai été frappé au plus haut point par un ensemble de qualités presque contradictoires, rarement réunies chez un même savant : la rigueur dans l'observation, l'audace dans la pensée, la ténacité dans la poursuite des faits précis s'alliant à un esprit inductif puissant qui n'excluait cependant pas une extrême prudence.

Ses débuts dans la vie avaient été très tristes. Né le 13 mars 1874, à cinq ans il était orphelin. Sa mère resta seule, à vingt-quatre ans, avec deux enfants et dans une situation très difficile. Elle ne se laissa pas accabler par le malheur et se dévoua pour élever Noël et sa sœur Julie.

Vous pensez après cela, écrivait plus tard Noël (en 1907) que j'aime beaucoup ma mère. Nous avons eu pendant toute ma jeunesse bien des difficultés matérielles.

Et ces préoccupations souvent angoissantes et pénibles durèrent, on peut presque dire, toute sa vie et contribuèrent, non pas à arrêter l'essor de son esprit, mais à l'empêcher de goûter la tranquillité et le calme.

A sept ans[1], Noël Bernard était déjà un enfant

1. Lettre du 13 septembre 1881.

très précoce mais un peu délicat. A dix ans, probablement à la suite d'un examen, car sa sœur le félicite de son succès[1], il devint pensionnaire de l'Institution Galtier dont les élèves suivaient les cours du Lycée Charlemagne. Dès les premières années, il se distingua parmi les plus brillants sujets de sa classe.

Julie Bernard, sa sœur, plus âgée que lui, paraît avoir été une jeune fille très distinguée; elle avait été élevée à Béziers par le frère de son père. En 1884, elle préparait son brevet supérieur[2], et donnait à son jeune frère des conseils excellents en lui communiquant son courage. Noël était imaginatif et les lettres de sa sœur le touchaient profondément. Elle ne se consolait pas « du grand malheur d'avoir perdu un si bon père »; elle s'affligeait d'être loin de Paris et de ne pouvoir aller sur sa tombe. « Vas-y pour moi, mon cher petit Noël. » Elle s'intéresse à son travail, l'engage à la lecture, dresse, pour le lui envoyer, le catalogue de la riche bibliothèque de son oncle (de plus de 1.000 volumes), où il pourra largement s'instruire. En 1886[3] (son frère avait douze ans), elle le félicite de ses efforts, de savoir ce qu'il voulait devenir (il lui avait confié qu'il désirait être ingénieur). Elle a la ferme intention

1. Lettre du 25 décembre 1884.

2. Elle devint plus tard professeur au collège de Béziers; elle était enfant d'un premier mariage.

3. Lettre du 6 avril 1886.

de se dévouer pour lui, et « au lieu d'une maman tu en auras deux ». Hélas! leur père les avait « quittés bien vite ». « Une seule chose te manquera, son affection de père, qui ne pourra se joindre ni à celle de ta maman, ni à celle de ta sœur. Nous ne pourrons pas te remplacer cet amour paternel qu'on ne retrouve nulle part. » « Nous pleurerons ce père chéri et nous entourerons de l'affection la plus tendre notre chère maman qui mérite tant d'être aimée. » A l'occasion de la mort d'un oncle qu'ils venaient de perdre, elle ajoute : « Lui aussi va aller rejoindre tous ceux que nous avons perdus, dans cette vie dont on parle tant. Tu verras plus tard, quand tu seras grand, si tu dois y croire; pour moi, chaque fois que je vois mourir un parent et un ami, je ne puis m'empêcher de songer à notre destinée. Notre vie se termine-t-elle là, allons-nous reposer simplement dans la terre, nous assimiler à elle? S'il en est ainsi, c'est bien terrible, et je me demande où est le but de la vie et de toutes les souffrances qu'elle nous donne en partage. »

Cette lettre, reçue par Bernard alors qu'il avait douze ans, est certainement très singulière par l'âge de celui auquel elle s'adresse. Elle prouve que Julie Bernard connaissait l'extrême vivacité d'intelligence de son frère; elle savait aussi que le malheur lui avait donné une précoce maturité.

Les idées de la vie future auxquelles songeait

Julie Bernard dans la lettre précédente ne pouvaient pas apporter à Noël un grand réconfort ; son père avait sur ce point des idées intransigeantes qui ont eu une influence considérable sur l'évolution de son esprit d'enfant : « Mon père ne m'avait fait baptiser dans aucune religion, a-t-il écrit plus tard (le 3 juillet 1907) ; il estimait qu'on peut être honnête sans suivre aucun culte ; j'en suis moi-même tout à fait convaincu et si j'ai jamais des enfants, je voudrais pouvoir les élever dans les idées que j'ai, en les rendant travailleurs et en leur donnant un esprit droit. » Ces lignes graves, mûrement réfléchies, traduisaient ses convictions inébranlables ; il les conserva jusqu'à sa mort.

La jeunesse eut cependant pour lui quelques sourires, grâce à son oncle, Joseph Bernard, le frère de son père, qui a eu une influence prépondérante sur sa vie. « Pour moi, écrivait-il le 6 juillet 1904, en apprenant la mort de ce second père, il me semble que mon oncle a été un maître et je lui dois la meilleure part de la formation de mon esprit, malgré les trop rares moments où j'ai vécu avec lui ; mais il était à la fois comme un maître respecté et comme un père affectueux qui se livrait à vous avec tout son cœur, avec qui l'on pouvait se sentir en pleine communion de sentiments et d'idées. C'est avec angoisse aujourd'hui que je me rappelle l'émotion profonde qui nous étreignait quand nous pouvions nous revoir aux vacances, la joie qu'il avait à causer de nos préoccupations du moment, avec un esprit toujours jeune. Peut-être les joies les meilleures de ma vie je les ai connues à ces moments-là, elles ne se retrouveront plus jamais. »

Ces souvenirs de vacances passées notamment à Castelfort, dans le Midi, on en trouve des traces dans ses lettres de 1888 (8 août) et 1890 (13 et 14 août) où l'on voit se manifester une passion profonde pour la campagne et la nature méridionale, passion qui a dû jouer plus tard un rôle décisif dans sa vocation de naturaliste.

Après avoir ainsi pris une provision de bonne humeur et de santé, il rentrait au lycée plein d'entrain et se distinguait comme un des meilleurs élèves d'abord du lycée Charlemagne (de huit à quatorze ans), puis du lycée Condorcet (où il obtint une bourse de demi-pensionnaire). Le 16 mars 1890, il écrit à sa sœur que, comme « premier de sa classe », il a été désigné pour aller assister à une représentation du Théâtre-Français.

La vie de Paris est propre à stimuler l'amour des belles choses. De très bonne heure, il fréquenta les musées et devint un fervent admirateur de Rembrandt et de Vinci. Il était passionné pour la musique de Wagner. Ce coin de son esprit est intéressant à mentionner, car il se manifeste dans ses œuvres ; il devait soigner non seulement le fond mais la forme, et elles sont toutes marquées au cachet de la beauté.

En mathématiques spéciales, il resta le meilleur élève et gardait un souvenir particulièrement ému de l'un de ses professeurs, M. Blutel, aujourd'hui inspecteur général de l'enseignement secondaire.

Noël, m'écrit Mme Bernard, en parlait aussi avec admiration et respect, autant pour son enseignement que pour la valeur personnelle de l'homme.

Le 2 août 1894, il télégraphie à sa sœur qu'il est reçu à l'Ecole normale. Ses examens à l'Ecole polytechnique avaient été très brillants, et sa sœur écrit (2 août 1894) :

A la façon dont tout le monde parlait de toi, tu serais certainement reçu tout à fait dans les premiers, peut-être le premier. Tu penses si nous avons été contents.

Son cousin germain, Noël Bernard (de Béziers), parle de son succès éclatant « en termes enthousiastes ». Cette sœur profondément aimée, qui avait été pour lui une seconde mère, ne devait pas assister à l'évolution rapide de sa carrière : elle devait s'éteindre de consomption au début de l'année 1896, et le voyage que fit auprès d'elle son frère, en décembre 1895, le plongea dans une profonde douleur.

Jusqu'alors, ses études avaient été orientées surtout vers les mathématiques et rien ne le sollicitait vers la biologie. Nous étions chargés,

M. Houssay et moi, jusqu'à Pâques, de prêcher auprès des élèves de première année de l'Ecole normale la bonne parole et nous avons eu l'heureuse fortune, au cours de treize années d'efforts, de susciter des vocations remarquables ; Bernard a été une des recrues qui nous ont fait le plus d'honneur. C'est à la fin des cours de zoologie et de botanique qu'il se décida à s'orienter vers les sciences naturelles, non sans avoir consulté son oncle Joseph Bernard.

La réponse de son oncle (12 mars 1895) mérite d'être citée :

J'ai réfléchi à la question que tu me poses en ce moment relative au choix de la carrière. Je suis heureux que tu sois pris d'un goût si vif et j'en suis certain, durable pour les sciences naturelles. Quelle que soit ta carrière, puisque tu aimes ces études, alors même que tu opterais aujourd'hui pour les mathématiques, tu seras un jour ou l'autre ramené vers l'histoire naturelle et peut-être te décideras-tu plus tard à en faire l'occupation principale de ta vie ; si cela arrive, tu regretteras de ne pas avoir poursuivi ces études dès la première heure.

Au point de vue où tu en es, si j'étais à ta place, je choisirais la branche des sciences dans lesquelles le succès à l'agrégation est le mieux assuré et, si le succès est également probable dans les deux branches, je choisirais celle pour laquelle je me sentirais le goût le plus marqué, sans me préoccuper des avantages pécuniaires offerts par les répétitions après l'agrégation. Jusqu'à l'agrégation, les répétitions sont nécessaires et je tâcherais de les conserver ou d'en avoir d'autres en limitant le nombre d'heures pour ne pas nuire aux études.

Ta lettre, ajoute-t-il, me prouve que tu as mûrement examiné les avantages et les inconvénients du choix que tu as à faire, tu as fort bien pesé les uns et les autres au point de vue utilitaire et à un point de vue plus élevé, tu reconnais que les naturalistes ont sur les autres l'avantage d'une culture générale plus étendue. Je ne doute pas, quand tu auras de même pesé les difficultés des programmes et pris l'avis de ceux de tes maîtres en qui tu as le plus de confiance, que tu ne sois en état de faire toi-même le choix le meilleur, non seulement en ce qui concerne ton intérêt matériel, mais aussi pour ce qui est de ton avancement, de ton élévation dans la science.

Heureux ceux qui rencontrent dans la vie de pareils guides aussi judicieux et d'une qualité aussi élevée.

On conçoit que Noël Bernard ait écrit plus tard (4 juillet 1904) que cet oncle avait fortifié en lui « ce qu'il y avait de qualités de cœur, d'intelligence et de volonté » et qu'il avait droit « autant à son affection spontanée qu'à sa reconnaissance raisonnée et profonde ».

C'est au mois de novembre 1895 qu'il devint ainsi naturaliste. Il avait tout à apprendre, il le savait bien, mais il n'hésita pas. Les excursions botaniques, les séjours dans les stations zoologiques maritimes, la vie en commun de la section des sciences naturelles, où professeurs, agrégés préparateurs et élèves ne faisaient qu'un, produisirent une évolution extraordinairement rapide de son esprit.

En août 1897, il consacra ses vacances à un préceptorat chez le prince de Bibesco. Son élève, parfois souffrant, le laissait de temps à autre inoccupé :

La princesse a cherché des livres, écrit-il le 27 août 1897, si bien que j'ai lu coup sur coup deux romans de Georges Ohnet et un non moins affreux de François Coppée... Sombre distraction du sort! Heureusement j'ai un livre de Duclaux sur Pasteur, très intéressant; nous pourrons le lire ensemble et il t'intéressera certainement; je l'ai réduit en conférences et toute la famille parle avec admiration de microbes; j'ai fait pourrir différents bouillons ou fromages d'excellente qualité qui ont empesté la maison, pour pouvoir faire contempler à mon élève des bacilles de toutes sortes.

La géologie l'intéressait aussi.

Mon érudition me fait resplendir ici de l'éclat le plus vif et ayant pris en main le robuste marteau du géologue que tu connais, j'ai décoré des noms les plus barbares les plus petits cailloux de ces lieux. J'ai quelques remords quand je décore une pierre qui m'est peu familière d'un nom hasardeux.

Cette vie d'un millionnaire en villégiature lui a été salutaire. La famille de son élève lui témoignait de la sympathie.

Ce que je désirais vivement, c'est que cette entrée dans un monde riche m'assurât quelques répétitions l'année prochaine, sans lesquelles je me trouverais fort embarrassé.

En vérité, j'ai éprouvé une détente considérable après cette année agitée dans tous les sens et il me faut bien reconnaître que j'ai pensé très peu aux multiples sujets d'ennuis. Ainsi peuvent s'oublier les choses les plus graves après que la préoccupation a atteint son maximum douloureux, mais comme les sujets n'en sont pas éteints, le repos sera de courte durée. Ce qui reste de plus clair, c'est qu'il sera de toute nécessité de réussir à coup sûr l'an prochain, pour cela, de travailler beaucoup. Cette chose simple n'est pas déjà si facile.

Le premier indice de la vigueur de l'esprit de Noël Bernard s'est manifesté à moi au cours de sa préparation à l'agrégation. Je lui avais donné à traiter le sujet suivant, tout à fait classique, qui figurait au programme, « les Orchidées ». La façon dont il aborda un tel sujet me parut tout à fait originale. S'inspirant de l'œuvre de Darwin, et je dois ajouter de l'enseignement merveilleux de Giard, ce grand éveilleur d'âmes, il développa cette idée intéressante que c'était l'épiphytisme qui avait créé cette famille singulière. J'avais contribué, peut-être, à lui donner cette idée en exposant, dans mes conférences, l'histoire des plantes épiphytes telle qu'on la trouve dans mon livre de la « Nature tropicale » que j'étais en train de rédiger. L'hypothèse de Bernard me parut suggestive et je me mis à réfléchir à cette question. Je me souviens que, peu après, je revins sur ce problème et j'exposai dans une conférence nouvelle les idées qui découlaient, selon moi, de l'étude des plantes saprophytes, et je développai, en quatrième année, cette conception qui m'est chère, que c'est le saprophytisme avant et par-dessus tout qui a créé la famille des Orchidées[1].

Ce sujet que nous retournions ainsi sous toutes ses faces fut celui de l'agrégation, et la joie de mes deux élèves, MM. Pérez et Noël Bernard, fut justifiée par le résultat de l'examen : ils furent tous deux classés au premier rang.

Lorsqu'au mois de novembre 1898, Noël Bernard fut candidat au poste d'agrégé-préparateur où il fut nommé l'année suivante, après son service militaire, et qu'il vint me demander un sujet de thèse, je lui conseillai d'aborder l'étude de la question des Orchidées. Il était tout à fait préparé à comprendre que je lui donnais une idée qui serait féconde et il m'en a gardé depuis ce moment une reconnaissance dont je suis fier.

Il avait à faire, au préalable, une année de service militaire, et c'est à Melun qu'il fut envoyé. Ce fut une bonne fortune pour lui, car il était à deux pas de la forêt de Fontainebleau, ce qui lui permit de faire sa première observation scientifique qui devait être décisive.

La vie militaire lui donna peu de satisfaction ; à la caserne, où sa verve caustique trouva à s'exercer, il fut considéré comme un intellectuel. Intellectuel, il l'était au plus haut point, et prit une part ardente et même active aux événements

1. Voir COSTANTIN. *La Nature tropicale* (Paris, F. Alcan).

politiques qui agitaient, à cette époque, notre pays. Une affaire retentissante divisait alors la France; la conviction de Bernard, comme celle de tous ses camarades, fut fixée de très bonne heure. « L'affaire Dreyfus, disait-il, a fait notre éducation. » Admirateur passionné de Zola, il lui écrivit dans les circonstances qui sont mentionnées dans une lettre adressée plus tard à son oncle (22 octobre 1902).

Zola, dont j'ai naturellement déploré comme vous la mort stupide, a laissé le grand exemple entre autres, qu'il faudrait suivre, d'une vie consacrée sans interruption à un travail méthodiquement réglé ; là, et dans la franchise de son intelligence fut sa force ; aucun homme n'a compris plus puissamment sans doute les caractères, les laideurs ou la beauté du temps où nous vivons. Dans le milieu intellectuel où je me suis formé, nous l'avons toujours considéré comme l'un de nos plus grands éducateurs ; autrefois même avec Perrin et quelques autres nous le lui avions écrit, navrés de lui voir prendre pour l'expression d'un sentiment général la critique vénéneuse d'un normalien arrivé dans les journaux bien pensants, et plus tard nous avons avec joie retrouvé dans « Paris » des passages qui témoignent de ce qu'il avait été sensible à notre lettre. Tu as sans doute lu le discours d'Anatole France à ses obsèques : j'en ai beaucoup admiré la forme et le fond. Anatole France, qui est évidemment très sensible aux formes littéraires, paraît avoir été longtemps avant de comprendre Zola, l'affaire Dreyfus les a rapprochés et ils ont dû vivement sentir ce qu'ils y gagnaient.

A son retour du service militaire, il fut nommé

agrégé-préparateur à l'Ecole normale. Son début dans la science a été un coup d'éclat. Il aborda l'examen des Orchidées par le côté saprophytisme et il s'adressa à la Néottie nid d'Oiseau, la plante décolorée de nos forêts. Ayant récolté ses graines, il échoua dans toutes ses tentatives pour les faire germer. Le hasard d'une excursion, en 1899, lui fit découvrir le fait fondamental qui devait illuminer toute sa carrière scientifique ; il remarqua un certain nombre de pieds de Néotties dont les pédoncules floraux étaient courbés et enfouis dans le sol ; il constata que les capsules étaient ouvertes et que les graines avaient germé. L'étude anatomique de ces germinations lui révéla la présence de champignons dans les plantules et lui apprit ainsi que les mycorhizes, créatrices des Orchidées, agissaient dès la première heure et que leur présence était indispensable pour déclancher le développement de ces êtres étranges. Le hasard d'une première observation ne favorise à un degré aussi éminent que ceux qui sont dignes de la faveur qui leur est faite.

Nous trouvons un écho de cette découverte dans sa correspondance (lettre du 3 mai 1899).

Je t'ai parlé déjà des Orchidées dont je m'occupe ; pendant plus d'un mois avant de partir au service, j'avais cherché à en faire germer des graines, mais je n'y avais pas plus réussi qu'aucun de ceux qui l'ont cherché avant moi. Jamais personne n'avait pu en faire germer ni n'en avait vu germer, si bien que l'on pensait généralement que ces plantes ne se propagent pas par leurs graines, fait curieux. Or mes recherches de cet après-midi m'ont mis en possession, par un hasard inespéré, de plusieurs centaines de graines en germination et j'ai de jeunes plantes (ayant jusqu'à trois millimètres de long) qu'aucun œil de botanist n'avait jamais contemplées ! J'ai donc là des matériau. précieux pour la solution de cette question de la cul ture des Orchidées et pour celle de deux ou troi autres problèmes, si bien que ma thèse, qui peu à pe prenait une autre direction, va, j'espère, marcher rapi dement dans sa voie primitive. Cette après-midi d dimanche sera donc ainsi très utilement employée.

Il entrevoyait donc, par la vue supérieure d son esprit, dès le premier jour, toutes les consé quences capitales qui devaient découler de cett observation de mai 1899, faite pendant son servic militaire.

Toute la vie si courte, mais si extraordinair ment féconde de Noël Bernard a eu pour bı d'étendre, d'élargir, de contrôler, de solideme démontrer son observation de la première heur Il y a peu de vie scientifique, même parmi l plus hautes, qui aient ce degré d'unité et de gra deur. En me servant de pareils termes, je ı crois pas me laisser emporter au delà de l'e. pression juste et exacte des résultats, car ils o une portée considérable, touchant à une des que tions les plus importantes de la biologie, celle la symbiose.

L'exploration d'une voie aussi nouvelle dev

faire côtoyer à Noël Bernard bien des précipices ; il chercha à extraire le champignon des Orchidées et il échoua dans ses premières tentatives ; aussi ses premiers essais de germinations expérimentales n'aboutirent-ils pas. Mais il parvint rapidement à vaincre cette difficulté et les résultats expérimentaux furent merveilleux. Ils avaient une portée pratique inattendue et éclairaient d'un jour brusque et éclatant la technique secrète des horticulteurs éleveurs d'Orchidées, fabricants de ces innombrables et admirables hybrides que les amateurs s'arrachent à coups de billets de banque. La science théorique sortait donc du laboratoire et donnait au praticien une méthode nouvelle destinée à amener de grands changements dans une puissante industrie horticole. Mais ce ne fut pas sans traverser des instants difficiles que le triomphe de telles doctrines fut assuré.

La passion profonde qu'il ressentait pour les plantes auxquelles il avait consacré sa vie se traduit d'une manière remarquable dans la lettre ci-jointe adressée à une personne amie.

(30 janvier 1902). Les Orchidées des forêts tropicales n'ont pas adopté les mœurs des autres végétaux ; elles vivent à l'écart, loin du sol, retenues aux branches élevées des arbres par les solides griffes que forment leurs racines. Leur vie est précaire, menacée par les ouragans ou la sécheresse, rendue difficile par le commensalisme de microbes qu'on a cru bienfaisants seulement parce qu'ils sont tolérés. Elles auraient sans

doute parmi les autres plantes, si les plantes avaient le préjugé des conventions communes, une mauvaise réputation d'orgueil et de sauvagerie ; l'on citerait comme des tares qu'elles dissimulent les difficultés qu'elles rencontrent et les luttes qu'elles soutiennent au cours d'un pénible développement.

Mais il me plaît de croire qu'elles n'écoutent point les propos des plantes qui rampent à terre ; elles ont eu l'audace, au mépris des difficultés, de quitter le sol qui leur assurait une part de banale nourriture pour rechercher la lumière sur les cimes de la forêt. Les fleurs qu'elles déploient en plein soleil, étranges par leur symétrie et leur structure, complexes mais magnifiques, vivent dans un air plus pur où elles n'ont plus que la visite des insectes vivant de nectar.

Les botanistes ont érigé en lois les règles communes de la vie des plantes vulgaires ; les lois que je pense trouver ici les étonnent comme des paradoxes étranges. Mais pour n'être suivies que par une minorité infime, elles ne sont pas moins suggestives et c'est sans doute un trait de caractère qui m'a amené comme botaniste à aimer dans l'étude de ces plantes, l'exception plus sympathique que la loi.

Après avoir pleinement réussi dans ses expériences d'élevage, après avoir distribué aux praticiens le champignon qui devait transformer leur industrie, tout à coup les nouvelles tentatives échouèrent. Cet insuccès déconcerta d'abord Bernard et l'on put croire encore qu'il s'était trompé ; les détracteurs relevèrent les échecs de sa méthode avec une satisfaction qui lui fut certainement pénible. Les horticulteurs qui trouvaient indiscrète l'invasion de la science dans leur domaine et qui pouvaient redouter des troubles économiques, propagèrent le scepticisme dans des milieux hostiles et malveillants.

Bernard traversa évidemment quelques heures pénibles, mais il avait une foi trop robuste dans les résultats qu'il avait obtenus pour ne pas se remettre au travail et parvenir à lever toutes les objections. Ces difficultés rencontrées sur sa route ont stimulé son activité et aiguisé sa puissante intelligence. C'est ainsi qu'il découvrit le phénomène de la perte de la virulence et l'explication très simple des insuccès des praticiens.

Les rapprochements qui se manifestaient ainsi entre la symbiose et la maladie conduisirent Bernard à l'exploration approfondie de ce nouveau domaine, et c'est ainsi que ses derniers travaux éclairèrent d'une manière magistrale toutes ces questions multiples de la phagocytose dans les plantes, du passage de l'association à bénéfice réciproque à la maladie et à toutes ses belles conceptions de l'évolution dans la symbiose.

Des recherches aussi importantes que celles que faisait Bernard devaient avoir un grand retentissement à l'étranger, aussi saisit-il avec empressement l'invitation qui lui fut faite, en 1906, par la Société royale d'Horticulture de Londres, pour se rendre au Congrès de Génétique. Il fut apprécié par les Anglais, notamment par le président, M. Bateson, comme il méritait de l'être. Mais ce voyage eut une autre conséquence, ce fut d'ouvrir son esprit à tout un ensemble de faits encore peu connus en Europe et, lorsque j'eus sa visite, peu de temps après son retour, il ne me dissimulait pas que les partisans de Lamarck auraient à compter avec la loi de Mendel, et c'est ainsi qu'il écrivit à son tour, dans la *Revue du Mois*, un article remarquable sur cette loi si longtemps oubliée.

En 1908, il allait propager en Belgique la bonne parole et, le 24 avril 1908, il faisait aux membres du jury et aux exposants de la XVIe Exposition internationale de Gand (à l'occasion du centenaire de la Société royale d'Agriculture et de Botanique de Gand) une conférence sur la culture des Orchidées dans ses rapports avec la symbiose, qui fut hautement appréciée.

Ces derniers résultats pratiques que nous mentionnons plus haut ne furent obtenus que plusieurs années après avoir qu'il eut sa thèse (1901) et après sa nomination à la Faculté des sciences de Caen comme maître de conférences.

Transporté ainsi en province, l'isolement scientifique dans lequel il vivait lui pesa souvent. Il eut des heures de doute et de découragement. Il avait comme conséquence de sa thèse, alors qu'il était encore à Paris, généralisé audacieusement ses résultats de la tuberculisation des Orchidées sous l'influence des champignons et il avait formulé cette théorie, qui parut d'abord tout à fait subversive, que les pommes de terre sont des tumeurs d'une plante malade. Le 23 mars 1902 il écrivait à M. Jean Magrou :

Je ne comprends plus rien aux pommes de terre et j'ai grande envie d'abandonner au moins pour un moment ce sujet que je vois maintenant d'un œil trop fatigué.

Comme il ne quittait jamais son laboratoire, un fait nouveau entrevu dissipait vite son abattement passager.

Je me suis remis à mon travail, écrit-il à son oncle (22 octobre 1902) ; mes topinambours se comportent assez bien pour que je puisse compter publier mes idées à brève échéance et j'ai tout un stock de faits nouveaux à explorer l'année prochaine, qui m'amèneront, j'espère, à quelques résultats simples et généraux.

Il a continué à s'en occuper presque jusqu'à sa dernière heure, et la conférence faite en décembre 1909 à la Société académique d'Agriculture, Belles-Lettres, Sciences et Arts de Poitiers témoigne de la ténacité de son esprit sur une question fondamentale. Il n'hésitait pas à croire que ce serait probablement le point culminant, capital, et l'aboutissement de ses études ; il espérait que la science permettrait de résoudre un obscur problème touchant une plante dont l'importance est immense pour l'espèce humaine, puisque c'est elle qui a fait disparaître la famine de l'Europe. La mort l'a empêché d'aboutir, mais il a transmis en héritage ce problème à son cousin Magrou qui continue l'étude de cette question à l'Institut Pasteur.

Nommé, en 1901, maître de conférences à la Faculté des Sciences de Caen, il attendit assez longtemps l'avancement auquel lui donnait droit l'éclat de ses travaux.

Il accueillit avec joie cependant sa nomination dans cette ville, car il y retrouva des souvenirs de famille. Un grand-oncle, Noël Bernard (auquel il doit son prénom), qui était un médecin distingué, y avait fait un long séjour. La mémoire de cet homme de bien, qui avait été une belle et noble intelligence, était pieusement conservée par ses neveux et petits-neveux, dont deux portaient son nom, et un des premiers actes de Bernard, en arrivant à Caen, avait été d'aller faire un pèlerinage avec son cousin Noël Bernard (de Béziers) aux lieux qu'avait habités leur grand-oncle.

Bernard ne négligeait pas son enseignement et il y introduisait une riche moisson d'idées qu'il puisait dans des lectures extrêmement étendues. C'est le fruit de cet enseignement remarquable que la librairie Alcan publie aujourd'hui.

Pour se reposer l'esprit, il se mettait à l'étude de la systématique.

Ces études de systématique le conduisirent à

faire une conférence sur Linné (lettre du 23 mars 1902).

Mercredi dernier, digne et grave, solennel même dans mon habit, j'ai proféré un éloge historique de Linné que j'avais envie de faire depuis longtemps et j'ai fait un tel éloge de cet homme illustre qu'il a dû apparaître en définitive à l'assistance comme desséché entre deux feuilles de papier gris. Pour ma part, je n'étais pas trop mécontent de cette petite histoire, mais les résultats, comme j'aurais dû m'y attendre, ont été d'ordres différents. Tandis qu'une partie de l'assistance m'a fait la réputation d'un des plus notables conférenciers de la cité Caennaise, je me suis définitivement coulé dans l'esprit de tous les naturalistes de l'endroit qui me considèrent dès à présent comme un esprit subversif et paradoxal, n'ayant droit qu'à la défiance des hommes pondérés et sérieux. Me voilà sur le point de n'oser plus paraître à la Société Linnéenne de Normandie.

Il parle des relations assez fraîches qu'il ne tardera pas à avoir avec ces membres.

Ainsi il m'arrive ce qui m'est déjà advenu ailleurs ; doué d'une nature pacifique essentiellement, ma mauvaise fortune veut que je me mette à dos quelques individus qui me sont tout à fait indifférents. (Lettre du 23 mars 1902.)

Dès octobre 1902, il avait fait venir sa mère et s'était installé à Caen avec elle; c'est en 1907 qu'il se fixa à la campagne, à Mathieu, près de Caen. Ceci était utile pour sa santé.

Il m'arrive quand je me fatigue, écrit-il en 1907 (3 juillet), de prendre un peu d'humeur noire et d'avoir l'esprit inquiet. Mais ce sont des accès passagers. « Je continue à me porter d'une façon acceptable, je constate du reste, une fois de plus, que les phénomènes de ma vie sont régulièrement périodiques; comme quelques mammifères et un grand nombre d'animaux j'ai des périodes de faiblesse et de repos dans la saison chaude et sèche et je reprends de l'activité à l'humidité et au froid ». (22 octobre 1902. Lettre à son oncle Joseph).

La lutte pour la vie est sévère même aux travailleurs acharnés, comme nous sommes en définitive. Parfois, j'ai de mon côté des heures de marasme profond quand je sens ma santé incertaine, ma vie incomplète et ma position infime. Je crains de voir, avant le temps de récolter des résultats, s'éteindre la dernière lueur de mon activité (16 octobre 1905).

Les difficultés matérielles ont existé pour lui pendant toute sa vie. A l'Ecole normale, il dut bien souvent penser à autre chose qu'à ses examens.

Il accepta courageusement, presque héroïquement dit Mme Bernard, de compléter par des répétitions nombreuses à l'extérieur de l'Ecole un traitement de préparateur trop insuffisant pour les lourdes charges qu'il avait alors [1].

Sa thèse fut préparée souvent la nuit, alors que ses journées étaient parfois terribles au point qu'il se couchait dans la voiture qui le ramenait le soir à l'Ecole Normale, parce qu'il n'avait plus de force de demeurer assis.

Sa situation pécuniaire s'était évidemment un

1. Il se surmenait même beaucoup à cette époque, comme me écrit Mme Bernard.

peu améliorée à Caen, il avait cependant toujours à soutenir ceux qui lui étaient chers. Mais l'isolement commençait à lui peser.

En 1907, il avait trente-trois ans, il crut l'heure venue de mettre un terme à sa vie de célibataire. Il fit cet acte décisif de sa vie avec cet esprit de sagesse et de fermeté qui caractérise sa vie scientifique. Au mois de juillet, il épousa Mlle Martin, répétitrice à l'École normale de jeunes filles de Fontenay. Il ne pouvait faire un meilleur choix, et sa femme a prouvé depuis, par son courage devant le malheur, par la fermeté avec laquelle elle s'est vouée à continuer la vie scientifique de l'homme éminent qu'elle avait épousé, qu'elle était de tous points digne de lui.

Malgré son esprit caustique et moqueur, Noël Bernard n'était nullement sceptique et son cœur fidèle et généreux était enthousiaste et désintéressé.

J'en ai trouvé une preuve admirable dans une lettre, que je voudrais pouvoir citer en entier, adressée à sa belle-mère à l'occasion de son mariage (3 juillet 1907). Je n'ose le faire par discrétion.

« Je me connais bien des défauts! Je suis volontaire et même têtu. Je tiens beaucoup à mes idées sur la conduite à tenir dans la vie. Je n'aurais jamais voulu épouser une fille élevée dans ces habitudes mondaines qui ne donnent que les apparences du bonheur. Je n'aurais pas voulu non plus épouser une jeune fille sans instruction, qui ne puisse comprendre des choses auxquelles je m'intéresse le plus ». Habitant la campagne, « nous éviterons en étant loin de la ville une foule de relations mondaines et de mener une vie coûteuse ». Il n'hésite pas à dire que son accord avec sa femme est sérieux comme celui des gens « qui ont toujours eu l'habitude de prendre la vie sérieusement ».

Son mariage fut loin d'arranger ses affaires pécuniaires, car sa femme ne put être nommée professeur à l'Ecole normale de Caen où aucun poste n'était vacant, et elle dut prendre un congé, de sorte que Bernard, avec un traitement de 4.500 francs, vit s'accroître ses charges qui étaient déjà très lourdes, car il soutenait sa mère et sa grand'mère.

La famille ne tarda pas à s'accroître d'un fils qui était venu au monde dans des circonstances malheureusement anormales, et Noël Bernard entreprit presque à lui seul (sa femme étant malade) et sans abandonner son laboratoire, de faire vivre cette créature minuscule qui lui a dû plusieurs fois la vie. Il avait, en le soignant, les mêmes mouvements précis et délicats que lorsqu'il s'occupait de ses petites Orchidées dans leurs tubes de cultures. Aussi l'un de ses meilleurs amis disait-il qu'avoir élevé Francis, « c'était sa plus belle expérience de laboratoire ».

Le grave malheur de tout ceci, c'est qu'il se surmenait, et cette vie ne pouvait durer.

C'est en novembre 1908 qu'il fut nommé à Poitiers, et ce ne fut pas sans peine. Il avait posé antérieurement sa candidature lors d'une vacance pour le poste de professeur d'une faculté méridionale et il avait vu avec une grande tristesse cette place lui échapper. Il avait cependant grand besoin d'une amélioration dans sa situation, car ses charges ne faisaient qu'augmenter d'année en année. Nous avions fait des efforts, M. Tannery et moi, pour plaider sa cause, mais le vrai mérite ne triomphe pas toujours ; la politique, les coteries d'école, de chapelle et de parti ont souvent un trop grand rôle dans les nominations. Fontenelle disait que s'il avait la vérité emprisonnée dans sa main il ne l'ouvrirait pas ; il est certains hommes passionnés qui sont des émules de Fontenelle au point de vue qui nous occupe.

Le mérite de Bernard fut enfin reconnu, sa nomination à Poitiers paraissait devoir transformer son existence. L'Académie des Sciences couronna ses travaux par le prix Saintour. Un savant allemand, M. Burgeff, publia sur ces entrefaites, en 1909 et plus tard en 1911, des travaux extrêmement importants, contrôlant complètement les siens, qui montraient en quelle haute estime son œuvre était tenue en Allemagne et quelles conséquences industrielles importantes devaient découler de ses belles découvertes.

Mais la destinée sournoise le guettait et avait décidé qu'il ne serait plus là à l'heure de la moisson. Il dut, en 1908 (novembre), s'installer à Poitiers et organiser un nouveau laboratoire de l'Université à Mauroc, avec Francis (son fils) malade un an encore; il avait en outre son mémoire capital (*L'Evolution dans la symbiose*) à terminer, des cours, des nuits sans sommeil, une vie souvent angoissante à cause même de la santé de cet enfant si fragile.

Voilà, dit Mme Bernard, quelles terribles circonstances accumulées eurent raison de la résistance de Noël.

Il sut bientôt toute la gravité de son mal lorsqu'en mars 1910 un médecin lui révéla brutalement l'infection ancienne. Quelques mois il essaya de se soigner courageusement, mais la fièvre tenace ne le quitta plus.

C'est certainement pendant les derniers mois de sa vie que se révéla au plus haut degré la grandeur de son intelligence et l'intensité puissante de sa vie morale. Il écrivit alors à ses meilleurs amis « des lettres d'une noblesse admirable où il laissa voir quelque optimisme pour l'avenir de l'humanité tout en déplorant les misères où elle se débat péniblement encore. » (Lettre de Mme Bernard.)

Malgré ses tortures intimes, il montrait aux amis qui venaient le voir un visage souriant. Ses dernières paroles, ses dernières lettres sont d'une extraordinaire sérénité; en décembre 1910, vers la Noël, tous ceux qui le visitèrent ne pouvaient avoir « le pressentiment d'une fin prochaine, tant sa lucidité, son éloquence enthousiaste les impressionnaient vivement ». Il a d'ailleurs tenu à laisser un témoignage singulier de ce qu'il a été dans ses derniers moments. Aux heures les moins fiévreuses, il s'amusait à imaginer ce conte extraordinaire, « un mariage en l'an 3.000 ». On y retrouve la trace de l'impression ineffaçable laissée dans son esprit par son voyage en Angleterre, lors du Congrès de Génétique. Sa dernière pensée s'exalte et il entrevoit dans un avenir lointain les conséquences sociales de la loi de Mendel et des grandes découvertes sur l'hérédité et il prophétise que l'humanité, guidée par la science, renoncera aux hasards des entraînements amoureux et qu'elle se laissera guider par des mages, c'est-à-dire les savants; ceux-ci, en permettant le rapprochement des êtres d'élite, arriveront à créer des types géniaux, les futurs conducteurs de l'espèce humaine.

Puis, ajoute Mme Bernard, ce furent les dernières semaines avec 40° et 41° de température, sans rémission nocturne, aucune détente nerveuse, aucun repos d'esprit de nuit, ni de jour, avec l'incapacité totale de dormir. Jusqu'au 15 janvier sa pensée s'exalta; il eût voulu travailler pour ajouter de longs chapitres au Mariage en l'an 3.000 et c'est ainsi qu'il acheva de brûler sa vie.

L'exposé que nous venons de faire de la courte existence de Noël Bernard mérite d'être complété par quelques citations qui mettront en lumière divers aspects de sa vie intérieure.

Il avait été frappé par le mode d'existence adopté par Darwin dont il était le profond admirateur. On sait que le grand savant anglais, après son voyage autour du monde, s'était retiré à Down, à la campagne, et loin des honneurs du monde, s'était entièrement consacré à la publication de ses travaux scientifiques.

Au cours de mon existence passée, parfois même en présence de sérieuses difficultés, j'ai rarement perdu confiance dans l'idée que l'attachement au travail peut procurer un bonheur stable. (Lettre du 1er juin 1907).

La vie un peu isolée et très libre qu'ont recherchée des hommes comme Curie et Darwin, m'a semblé un modèle simple à suivre, sans qu'il soit besoin de génie. Souvent j'ai craint qu'une semblable existence comporte trop de sauvagerie pour plaire à une jeune femme. (Lettre du 1er juin 1907.)

Le bonheur dans la vie humaine doit être surtout cherché dans le travail.

Ses idées sur la vie de l'homme de laboratoire sont intéressantes à noter (17 janvier 1909).

Faire du travail scientifique est une des choses les plus faciles qui soient ; l'essentiel est d'y apporter une volonté tenace et persévérante et de ne jamais se contenter de choses à moitié vues ou de raisonnements imprécis. Evidemment le métier d'homme de laboratoire arrive difficilement à créer des situations brillantes, il faudra donc s'y résigner pour longtemps et d'autre part ce métier est terriblement absorbant ; on ne le fait bien que si l'on en a la préoccupation constante. J'ai cherché pour ma part à le bien faire et la difficulté principale a été de réagir contre une imagination trop rapide, dont tu as vu encore trop de traces dans l'Introduction du Mémoire que je t'ai communiqué. Je pense cependant être maintenant dans la bonne voie pour faire un homme de laboratoire acceptable, mais j'ai dû depuis plusieurs années m'imposer de renoncer à une foule de choses qui me seraient agréables, à des lectures variées en particulier, car je ne lis plus guère que de la Biologie et ne songe plus qu'aux problèmes soulevés par mes lectures.

Il recommande à un de ses cousins de lire « Pasteur, Duclaux, Metchnikoff ». Il savait qu'une des meilleures parties de son capital intellectuel lui venait de l'Institut Pasteur où il avait travaillé pendant les mois d'hiver 1899-1900 et où il avait suivi l'enseignement pratique si original inauguré dans cet établissement par Roux, Metchnikoff et autres travailleurs éminents. Duclaux avait toujours exercé sur lui une véritable fascination par son esprit critique, par son apparent et élégant scepticisme.

Cet esprit distingué qu'était Duclaux, ce maître de la plume, cet éminent écrivain à qui l'on doit ce livre admirable, *Pasteur, histoire d'un esprit*, était un maître auquel il songeait souvent quand il exposait avec talent ses découvertes. Ce maniement constant de la plume lui permettait de perfectionner peu à peu son talent d'écrivain.

Vraiment, écrivait-il à ses cousins Magrou (16 octobre 1905), je suis plus sensible qu'à autre chose à la constatation (exagérée par Jean) d'une certaine clarté de mon style. Je me sais capable de réflexion et de persévérance ; mais un de mes désespoirs reste de constater la peine que j'ai à écrire. J'en ai eu quasi l'obsession pendant les vacances en relisant les admirables contes de Voltaire. Gloire soit à la langue française maniée par de telles gens !

Il serait du plus grand intérêt de connaître les projets de travaux qu'il avait pour l'avenir. Il n'a malheureusement rien laissé par écrit sur ce point. On voit cependant poindre ses projets dans une lettre du 17 janvier 1909, adressée à son cousin, M. Joseph Magrou.

Je songe actuellement à entreprendre la série des recherches concernant le règne végétal que « mon système » ouvre. Il y en aurait pour deux siècles ; j'en ai donc pour toute la vie et quand je la quitterai mes théories seront encore trop largement philosophiques.

Qu'entendait-il au juste par là, nous en sommes réduits à des conjectures. Cependant, il est certain que l'on trouvera dans l'œuvre posthume que nous publions aujourd'hui un certain nombre des pensées qui ont agité ce ferme esprit dans les derniers temps de sa vie.

J. COSTANTIN.

L'ÉVOLUTION DES PLANTES

PREMIÈRE PARTIE

LOIS GÉNÉRALES DE L'ÉVOLUTION

CHAPITRE PREMIER

ÉVOLUTION INDIVIDUELLE ET SEXUALITÉ

Observation et expérience. — On peut arriver à la connaissance des phénomènes de la vie par l'observation ou par l'expérience. Il est clair d'ailleurs que cette connaissance ne peut être complète si l'on ne sait allier les deux méthodes et si on les applique mal. En fait les naturalistes se sont longtemps servi presque uniquement de l'observation, et ils s'en servent encore d'une façon prépondérante; les *Sciences naturelles* modernes ont leur origine dans l'Histoire naturelle d'autrefois qui était uniquement descriptive. On a d'abord tenté de coordonner les faits avec le seul secours de l'observation et il en reste un groupe important qui ne sont coordonnés que de cette manière : tels sont ceux qui concernent la forme, la structure, la classification des plantes; leur ensemble constitue la

Botanique descriptive. Cette étude est une introduction nécessaire à celle de la *Physiologie végétale* qui sera faite ensuite et dans laquelle nous chercherons à comprendre la vie des plantes en suivant les méthodes qu'emploient les sciences expérimentales.

A. — La méthode évolutionniste.

1. Analogie et homologie. — Il faut se pénétrer de ce principe essentiel : *Les êtres vivants évoluent*, c'est-à-dire se transforment sans cesse de la naissance à la mort et dans la suite des générations ; il est indispensable d'étudier les phénomènes par une méthode *évolutionniste*. Cette méthode a été d'abord conçue par Gœthe, qui inscrivait en épigraphe de ses œuvres botaniques cette pensée : « Voir venir les choses est le meilleur moyen de les expliquer. » Pour comprendre un être, il faut connaître son histoire; une bonne représentation d'un être vivant serait une représentation cinématographique et non une photographie. Avant de comparer deux organes, nous chercherons comment chacun se développe; ainsi nous distinguerons *l'homologie* de *l'analogie*.

Deux êtres ou objets sont *analogues* quand, pris à un certain état, ils se ressemblent. Un homme est analogue à une statue de marbre, et l'analogie est la plus grande possible si la statue représente l'homme.

Deux êtres ou organes sont *homologues* quand ils se sont développés d'une manière comparable quelle que soit la différence qu'ils présentent dans leur forme définitive. Un homme peut être considéré comme homologue à un singe.

Les anciens naturalistes n'avaient pas ce principe évolutionniste auquel sont dus tous les progrès généraux de la science.

2. L'individu et la race. — Si nous examinons les êtres vivants au point de vue évolutionniste, deux problèmes généraux se posent :

1° *Évolution de l'individu.* — Les phénomènes de la vie sont périodiques, chaque être a un *cycle évolutif;* l'étude de ce cycle est celle de l'évolution individuelle. Il y a des lois de l'évolution individuelle communes aux animaux et aux plantes.

2° *Évolution de la race.* — Chaque individu est mortel; avant de mourir, il laisse des descendants qui perpétuent la race. A première vue, les descendants paraissent semblables aux parents; mais n'est-ce pas là une simple apparence due à la brièveté de notre vie? Y a-t-il toujours identité? Comment la vie a-t-elle commencé? Comment finira-t-elle? Sans pouvoir répondre à ces questions ultimes, nous verrons au moins avec précision que les races évoluent au cours des temps suivant des lois que la science commence à dégager.

Les premiers chapitres seront consacrés à des généralités sur ces sujets; mais pour traiter ces généralités nous rencontrons, dès l'abord, une difficulté d'ordre pratique : il nous faut distinguer les *Thallophytes* ou végétaux inférieurs

(Algues, Moisissures, Champignons, Microbes) des *Plantes supérieures* (Mousses, Fougères, Plantes à fleurs, arbres, herbes).

Les Thallophytes sont, à beaucoup de points de vue, les plus simples : logiquement, ils devraient être étudiés d'abord, et les lois générales se dégageraient de cette étude, mais ils sont les moins familiers, les plus difficiles à bien connaître.

Les Plantes supérieures sont étudiées depuis longtemps et mieux connues que les Thallophytes ; on est en état de donner une image générale des phénomènes de leur évolution. Les généralités que j'exposerai d'abord les concernent presque exclusivement. L'étude des Thallophytes suivra et permettra de corriger dans le détail ce que les lois simples que nous trouverons pourraient avoir de trop absolu [1].

B. — Théorie cellulaire. Premiers phénomènes du développement.

3. Germination de la spore ou de l'œuf. — Les végétaux les plus complexes comme les plus simples proviennent toujours, à l'origine, d'une petite masse de matière, généralement de constitution simple, de faibles dimensions : on l'appelle suivant les cas *spore* ou *œuf*.

En général la spore ou l'œuf est formé d'une matière gélatineuse, relativement consistante, le plus souvent entourée d'une fine membrane.

1. L'étude des Thallophytes ne sera pas faite dans ce volume ; elle est réservée pour une publication ultérieure.

Tous les êtres, au moins au début, sont ainsi constitués et les premiers phénomènes de leur développement sont les mêmes pour tous.

1er exemple : VARECH (*Fucus serratus*).

Les *Fucus* sont des Algues brunes. L'une

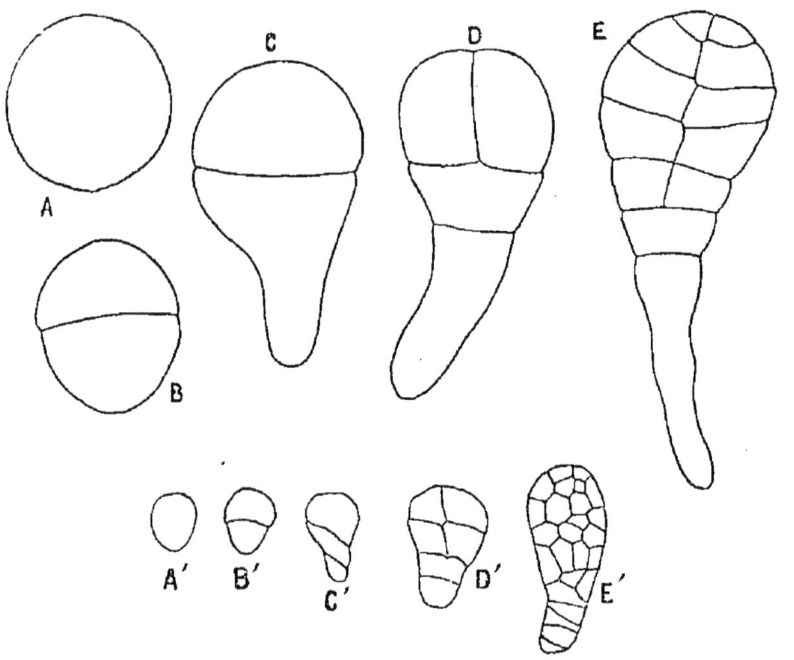

Fig. 1. — Premiers phénomènes du développement.

A, B, C, D, E, germination de l'œuf de *Fucus serratus* (d'après Thuret et Bornet). — A', B', C', D', E', germination de l'œuf de *Hedera helix* (d'après Ducamp).

d'elles, prise pour type, dérive de petits œufs sphériques, dont le diamètre est d'environ 100 μ[1] (fig. 1, A) ; ces œufs sont mis en liberté par l'une de ces Algues, dans l'eau de la mer.

Au bout de vingt-quatre heures cet œuf a pris

1. 1 μ équivaut à 1/1000e de millimètre.

la forme d'une poire, sans s'accroître notablement; sa masse s'est divisée en deux parties (fig. 1, B); au bout de deux jours chaque partie s'est accrue, a pris la forme indiquée en C dans la figure 1. Au troisième jour, chacune des deux parties se divise en deux par des cloisons (fig. 1, D). Au bout du cinquième jour, on a un jeune *Fucus* composé d'un certain nombre de cellules; il a alors un demi-millimètre de long (fig. 1, E). Ensuite, l'être se complique beaucoup.

On a donné le nom de cellules à chacune des parties, isolées les unes des autres, qui constituent le jeune organisme. L'œuf est lui-même une cellule qui, en se multipliant, a donné une colonie de cellules.

L'accroissement n'est pas un phénomène de gonflement, mais une multiplication : l'être est une colonie.

2° *exemple* : LIERRE (*Hedera Helix*).

Ici, la méthode à suivre pour étudier le développement est plus complexe. Le Lierre dérive de graines renfermant une plantule. Il faut chercher comment la plantule se forme dans la graine. On prend des fruits de plus en plus jeunes, on y trouve des plantules de moins en moins développées. Avec de la persévérance, on finit par voir la plantule à l'état d'œuf.

L'œuf est une petite cellule piriforme, dont la longueur est 40 μ (fig. 1, A'); de même que pour le *Fucus*, elle est faite d'une masse gélatineuse avec une fine membrane. Cette cellule se divise en deux; chacune des parties s'accroît, puis il apparaît de nouvelles cloisons, les premières dans la région effilée (fig. 1, B′ C′ D′). Au bout de quelques jours, le jeune Lierre est constitué par un massif de cellules, d'une forme comparable à celle du *Fucus*, et dont la plus grande dimension est 126 μ (figure 1, E′).

On n'a pas tardé à reconnaître que toutes les cellules ont des histoires largement comparables, que les phénomènes de division cellulaire sont assez compliqués, mais toujours homologues. C'est surtout dans la découverte de l'homologie des cellules que se trouve le principe essentiel de la théorie cellulaire.

4. **Évolution cellulaire.** — On peut faire actuellement l'histoire des phénomènes qui se produisent dans chaque cellule depuis le moment où elle est unique jusqu'à celui où il s'est formé deux cellules par division de la première. Ces phénomènes ont été longtemps inconnus ; il faut, pour les découvrir, recourir à des méthodes d'observation délicate.

Quand on regarde directement au microscope une cellule, un œuf, on voit une masse mucilagineuse sans grands détails. Mais on peut couper cette cellule en tranches, les colorer; certaines couleurs se fixent sur certaines parties des cellules; d'autres couleurs se fixent sur d'autres parties. On a pu ainsi voir dans les cellules beaucoup de détails, étudier la variation de structure des cellules pendant leur multiplication.

a) *Description d'une cellule.* — Une cellule qui n'est pas sur le point de se diviser comprend :

1° Une membrane élastique, formée le plus souvent de cellulose.

2° Une masse gélatineuse, qui a une consistance de gelée généralement homogène : le *protoplasma*. On peut y distinguer une région centrale de forme globuleuse : le *noyau*, et une région périphérique : le *cytoplasma*.

Quand on teint la cellule, on peut colorer, à l'intérieur du noyau, une substance particulière : la *chromatine;* elle forme un peloton plus ou moins lâche.

b) *Karyokinèse*. — Quand la cellule va se diviser, on observe toujours que la membrane nucléaire disparaît; la chromatine se ramasse en un certain nombre de petits corps, souvent en bâtonnets : les *chromosomes;* ils se réunissent en une plage équatoriale et y dessinent une *figure chromatique*. En même temps, il se forme dans le cytoplasme des fibres rayonnantes qui semblent s'attacher sur les chromosomes et converger vers les deux pôles de la cellule (fibres achromatiques).

Bientôt chaque chromosome se divise en deux; puis, dans chaque groupe, les deux chromosomes se séparent et semblent attirés vers les pôles, en suivant les filaments achromatiques.

A chaque pôle, les chromosomes se gonflent, deviennent plus ou moins indistincts, se fusionnent, et chaque groupe s'entoure d'une fine membrane. Il s'est formé deux noyaux dont la chromatine dérive de la chromatine primitive; ils restent réunis par les fibres achromatiques qui persistent entre les deux pôles.

Puis, au milieu des fibres, apparaissent des granulations plus visibles qui se fusionnent pour donner une nouvelle membrane. Les fibres achromatiques semblent se rétracter sur les granulations.

5. Différences entre les cellules animales et les cellules végétales. — Ces phénomènes de division cellulaire se répètent non seulement dans les cellules successives qui vont former un être, mais aussi dans les cellules d'êtres déjà différenciés.

Il n'y a, entre les végétaux et les animaux, que quelques petites différences à signaler :

1° Dans les cellules animales, on voit souvent aux pôles du fuseau deux corps appelés *centrosomes*. Chez les plantes, ils ne sont pas toujours visibles; on en a vu cependant chez beaucoup de plantes inférieures.

2° Dans les cellules végétales, on trouve de petits corps individualisés qui sont comme des fractions du cytoplasma, par exemple des *leucites verts*.

Les leucites fonctionnent pour ainsi dire chacun pour leur compte; ils ne suivent pas les phénomènes généraux indiqués ci-dessus. Ils se multiplient par allongement et étranglement comme des parasites.

3° Dans la membrane des cellules végétales, il y a toujours de la cellulose qui n'existe en général pas dans les membranes des cellules animales.

L'ensemble des phénomènes généraux décrits

ci-dessus est la *karyokinèse;* elle s'observe toujours au début du développement des êtres vivants.

Les phénomènes de karyokinèse sont compliqués, étranges. Nous n'en connaissons pas le sens profond, mais comme ils ont une grande généralité, on leur attribue une grande importance.

6. **Historique.** — La connaissance de cette homologie essentielle du développement des êtres vivants est relativement récente; elle compte parmi les plus grands progrès dus aux études micrographiques. Pressentie antérieurement, elle a été exprimée en 1839 pour la première fois sous la forme de théorie cellulaire par le zoologiste Schwann qui s'aidait des travaux du botaniste Schleiden. Les progrès réalisés depuis dans l'étude détaillée de la cellule n'ont fait que confirmer les vues géniales de ces naturalistes.

Remarque. — Les cellules qui se réunissent en une colonie ne sont pas sans rapports les unes avec les autres. Dans un grand nombre de cas, le corps protoplasmique présente de fins prolongements qui passent par des canalicules des membranes et se correspondent d'une cellule à l'autre. Les cellules, au lieu d'être formées de corps protoplasmiques isolés, forment en réalité un protoplasme continu. C'est là un fait de grand intérêt: ces communications jouent sans doute un rôle comparable à celui des fibrilles nerveuses, d'où l'existence de la sensibilité et de phénomènes réflexes.

C. — Passage de l'embryon à l'état adulte : différenciation histologique.

7. **Méristème.** — Une plante très jeune est une colonie de cellules *embryonnaires*, toutes sem-

blables, ayant une membrane mince, un protoplasme dense, un noyau.

On étudiera aujourd'hui comment le corps se constitue à partir de ces cellules, par suite de leur différenciation, et comment il périt.

Si nous partons du jeune embryon semblable à la figure 1 et si nous le suivons jusqu'au moment où apparaissent tiges, racines, feuilles, nous nous apercevons que toutes les cellules qui ont continué à se multiplier ne sont pas restées semblables.

Dans les organismes relativement jeunes, il persiste dans certaines régions des cellules ayant mêmes caractères que celles du jeune embryon : protoplasme dense, membrane mince, et présentant les phénomènes de karyokinèse. L'ensemble de ces cellules embryonnaires forme un *méristème*.

Presque partout ailleurs, en dehors des méristèmes, les cellules se sont transformées, ont cessé de se multiplier et acquis des formes différentes : elles se sont *différenciées*.

Par quel moyen et de quelle manière se fait la différenciation histologique? Le phénomène est complexe ; prenons pour exemple particulier la différenciation des cellules de la tige dans les plantes supérieures.

8. **Caractères de la zone méristématique**. — Si l'on fait dans la tige une coupe longitudinale passant par l'extrémité, on trouve à cette extrémité le *méristème terminal de la tige* (fig. 2). Les cellules y ont les caractères des cel-

lules embryonnaires; leur multiplication est rapide. C'est là que se constituent les rudiments reconnaissables des futures parties du corps, en particulier les rudiments des premières feuilles qui forment le *bourgeon terminal*. Dans ce

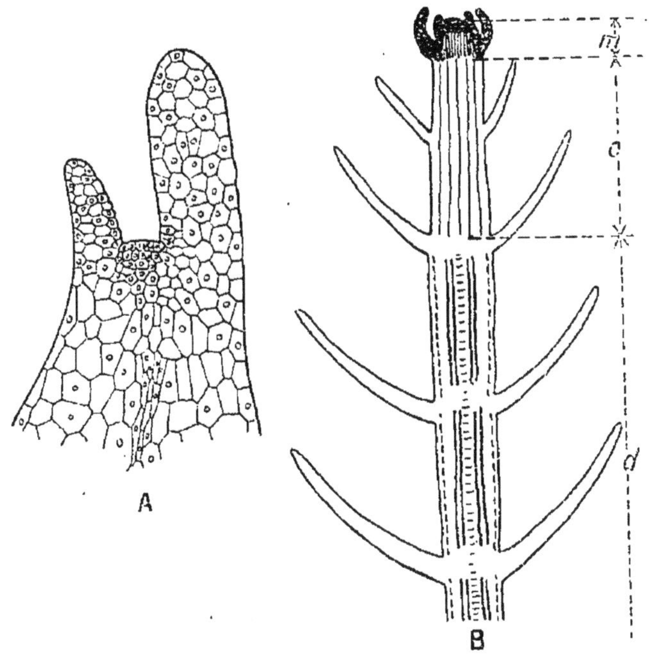

Fig. 2.

A, méristème terminal de *Bletilla hyacinthina*. — B, schéma d'une tige; *m*, méristème; *e*, zone d'élongation; *d*, zone de différenciation histologique.

bourgeon, les entre-nœuds sont courts, les tissus de la zone méristématique sont mous.

9. Caractères de la zone d'élongation. — En descendant vers le bas de la tige, on trouve la zone de croissance ou *zone d'élongation* (fig. 2, B, *e*). Les entre-nœuds y deviennent plus allongés; les cellules elles-mêmes sont en voie de croissance, par suite elles sont plus grandes que les cellules embryonnaires. La multiplication y est rare; et d'autre part, les entre-nœuds de la zone de croissance sont cassants; cela tient à ce que les cellules y ont des membranes encore minces, un contenu abondant, riche en eau.

10. Caractères de la zone de différenciation histologique. — Plus bas encore on distingue une troisième zone où les entre-nœuds ont acquis leur longueur définitive; il s'y produit des phénomènes de différenciation histologique (fig. 2, B, *d*).

Les entre-nœuds deviennent durs, prennent « l'aspect adulte ». Dans un grand nombre de cas, les cellules épaississent et durcissent leurs parois.

Les caractères de cette zone sont ainsi : *arrêt de multiplication des cellules, arrêt de croissance des entre-nœuds, transformation des cellules.*

Les cellules de cette zone peuvent évoluer dans des sens très divers. Cette diversification n'est cependant pas infinie : *dans une même tige, on ne rencontre qu'un nombre limité de types de différenciation.* On nomme *tissu* un ensemble de cellules différenciées de la même manière, qu'elles soient en masse compacte ou séparées.

Quand cette différenciation est achevée, l'organisme est arrivé à l'état adulte. S'il se présente dans la suite quelque modification nouvelle dans cette zone, elle n'est due qu'*à des cellules ayant gardé le caractère embryonnaire.*

Supposons que nous puissions examiner au microscope pendant plusieurs semaines une cellule prise d'abord dans la région du méristème. On peut observer trois stades dans son évolution.

Cette cellule se multiplie quelque temps par karyokinèse : c'est la *phase embryonnaire* de sa vie.

L'entre-nœud auquel appartient cette cellule passe dans la deuxième zone : la cellule est à la *phase de croissance.*

Puis cette cellule passe dans la troisième zone, et subit alors la phase de *différenciation histologique.* Les trois zones correspondent à trois états de la vie d'une cellule.

11. Phase de croissance. — Quand la cellule s'accroît, elle absorbe une grande quantité d'eau, son protoplasme se dilue, il y apparaît des « vacuoles ». D'abord, ces vacuoles sont remplies de suc cellulaire et séparées par des travées protoplasmiques; le noyau reste quelque part dans le protoplasme. Puis, le plus souvent, le protoplasme se réunit à la partie périphérique et entoure une grande vacuole centrale (fig. 3).

En même temps que la cellule s'accroît, elle prend sa forme définitive. Les cellules, d'abord entièrement appliquées les unes contre les autres, se décollent, laissant entre elles des espaces généralement remplis de gaz et appelés *méats.* La formation de méats est caractéristique de cette phase. Quand les cellules se déforment peu,

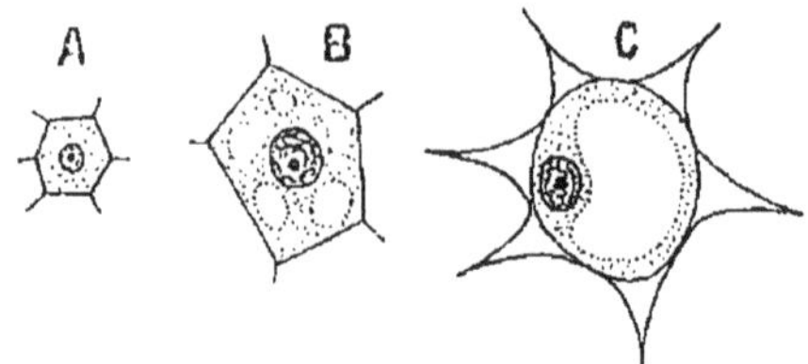

Fig. 3.
A, cellule méristématique. — B, formation des vacuoles. — C, méats.

elles constituent des tissus appelés *parenchymes*.

La déformation la plus commune est l'allongement de la cellule dans un sens privilégié, généralement celui de l'axe de la plante (fig. 4, A). Quand les cellules s'allongent en épaississant fortement leur paroi et en prenant l'aspect d'un fuseau, sans avoir de rapports spéciaux avec les cellules voisines (fig. 4, B), elles forment les *tissus fibreux*.

Enfin des cellules peuvent s'allonger beaucoup, s'accoler les unes à la suite des autres en files pour servir plus tard à la circulation des liquides. Elles forment ainsi des *vaisseaux*, des *tissus vasculaires* (fig. 4, C, D).

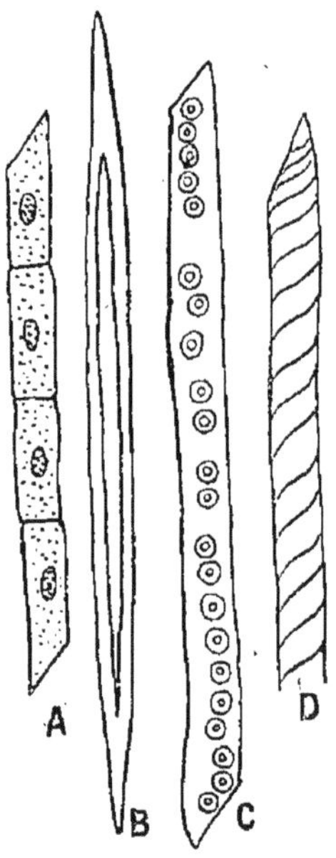

Fig. 4. — Croissance et différenciation des cellules (schéma).

A, allongement. — B, fibre. — C, vaisseau aréolé. — D, vaisseau spiralé.

Tantôt ces vaisseaux seront constitués par des cellules dont les membranes de séparation persistent ; on les appelle *vaisseaux imparfaits*;

tantôt la membrane sera percée de *cribles* (*vaisseaux criblés*) ; tantôt la membrane de séparation disparaît complètement (*vaisseaux parfaits*).

12. Phase de différenciation histologique. — Les phénomènes de différenciation histologique sont très divers ; nous ne retiendrons ici que ceux qui présentent le plus de généralité.

1er type. — Si la membrane de la cellule reste cellulosique et mince, les tissus formés s'appellent *parenchymes ;* tels sont le parenchyme chlorophyllien, le parenchyme amylifère.

Très souvent ces cellules à membrane mince voient s'accumuler dans leur suc cellulaire des produits de sécrétion ; leur ensemble forme alors les *tissus sécréteurs*. 1° Certains tissus sécréteurs sont à sécrétion interne ; tels sont les cellules à raphides[1] et les tissus laticifères ; ces derniers sont formés de cellules dans lesquelles se développe une substance ayant l'aspect du lait, blanche ou colorée : c'est le latex ; les latex peuvent contenir en émulsions les substances les plus diverses (caoutchouc par exemple).

On trouve ces cellules laticifères dans un grand nombre de plantes : tantôt en forme de cellules de parenchyme, tantôt sous forme de vaisseaux laticifères.

2° Chez un grand nombre de plantes, les cellules sécrétrices sont à sécrétion externe ; elles forment des substances, telles que la résine, qui sont rejetées dans les méats. Généralement, les cel-

1. Ces raphides sont des cristaux d'oxalate de calcium.

lules sécrétrices se groupent autour de certains méats de dimensions exceptionnelles pour former des *poches sécrétrices* (peau d'orange). Ou bien les cellules se groupent en files longitudinales autour d'un méat allongé : il se forme un canal sécréteur (résine).

2e *type.* — Si la membrane de la cellule s'épaissit, ou encore si la constitution de la membrane change en donnant plus de rigidité à la cellule, les tissus ainsi constitués sont appelés *tissus squelettiques.* En général, le protoplasme disparaît.

Dans les fibres des plantes supérieures, les membranes s'adjoignent de nouvelles couches de cellulose sur la face interne; les tissus présentant cette particularité s'appellent *collenchymes.*

Mais généralement, la membrane ne reste pas formée de cellulose pure. On distingue alors les tissus par la nature chimique des substances sécrétées, reconnaissables à l'aide de certains réactifs.

Il peut se déposer de la *lignine;* les membranes qui en sont imprégnées deviennent dures, cassantes; elles se colorent en rouge par la fuchsine ammoniacale, en rose par la phloroglucine additionnée d'acide chlorhydrique. Les tissus lignifiés peuvent être formés de cellules, de fibres, de vaisseaux; leur ensemble constitue les éléments du *bois.*

Quelquefois, les membranes s'imprègnent de *subérine;* la membrane est alors réfringente, élastique, peu perméable; la réunion des cellules subérifiées constitue le *liège*, qui protège la plante.

D'autres fois encore, les membranes s'imprègnent de *silice*.

Enfin, la membrane peut se transformer en *mucilage* (Lin).

13. **Lois générales.** — Sans nous perdre au milieu des détails, il nous faut retenir la loi suivante :

Chez les végétaux les plus complexes, la plupart des cellules du corps s'accroissent et se différencient de façon à former un nombre limité de tissus.

La nature de ces tissus est assez largement variable chez des êtres divers. C'est surtout par là qu'ils diffèrent. Tous les êtres au début de leur vie sont semblables; ils sont très différents à l'état adulte, non seulement par leur forme qui est, pour une grande part, un résultat des modes de croissance de leurs cellules, mais encore par la constitution de leurs tissus.

Qu'elle que soit la nature de cette différenciation histologique des cellules des plantes, la différenciation y est, en général, le prélude de la mort. Dès qu'une cellule est assez avancée dans la voie d'une différenciation particulière, elle devient incapable de reproduction : un morceau de bois ne reproduit pas un arbre, pas plus qu'un os ou un muscle ne reproduit un chien. Les cellules différenciées du corps forment la partie périssable de chaque individu, le *soma mortel*.

On peut dire en ce sens que la mort est progressive; elle commence en même temps que la différenciation ; les plantes le montrent mieux que les animaux.

Mais à chaque moment de la vie, il reste des cellules embryonnaires capables de croissance et

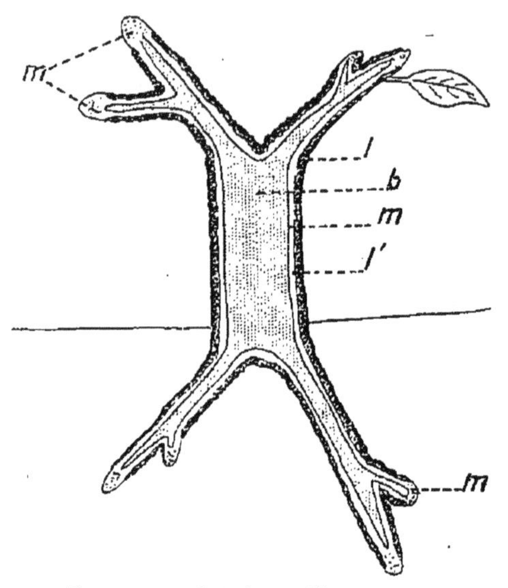

Fig. 5. — Schéma d'un arbre.
m, méristèmes et assise génératrice; *l*, liège; *l'* liber; *b*, bois.

de multiplication : elles forment le *germen*, la partie immortelle de l'individu.

Tant que des massifs méristématiques continuent à vivre, la mort n'est que partielle; elle devient définitive quand les méristèmes meurent (fig. 5).

Généralement, avant ce moment, quelques cellules embryonnaires se sont transformées en germes capables de s'isoler et de reproduire des individus nouveaux. On trouvera, en étudiant l'évolution et le sort de ces germes, les lois les plus essentielles et les plus générales de l'évolution individuelle des êtres.

D. — Phénomènes généraux de l'évolution sexuelle.

Nous avons étudié d'abord le mode de développement du jeune organisme, et la constitution du soma périssable des végétaux adultes; il nous faut aborder maintenant l'étude des modes de reproduction.

Pour propager les plantes, il y a beaucoup de moyens : on peut le faire par boutures, tubercules, marcottes, semis. Ces moyens se ramènent à un petit nombre de types; nous étudierons le plus compliqué et le plus général : la *reproduction sexuelle.*

Je prendrai pour cela un exemple dans l'évolution d'une *Fougère*, afin de préciser ce qui est essentiel dans le phénomène de la reproduction sexuelle. Les traits fondamentaux que nous trouverons ici ne sont pas particuliers aux plantes prises pour type. Ils réapparaîtront dans tous les groupes végétaux avec les mêmes caractères essentiels, qui se retrouvent encore dans le règne animal. La compréhension de la généralité du phénomène de la reproduction sexuelle est un des plus grands progrès réalisés par les sciences naturelles.

14. Évolution morphologique d'ensemble (fig. 6). — Une Fougère adulte présente à la face inférieure de certaines feuilles de petites taches brunes appelées *sores*. Posées sur du papier blanc, les feuilles de Fougère laissent déposer une fine poussière de *spores*.

a) *Spore et gamétophyte.* — Chaque spore est une cellule, avec membrane, protoplasma et noyau (fig. 6, A); sur le sol humide cette spore germe en se multipliant; elle donne ainsi un massif de eellules vertes.

Si l'on étudie de près les premières divisions cellulaires, on voit apparaître un certain nombre de chromosomes et ce nombre restera constant pendant tout le développement du jeune organisme. (Je suppose *quatre* pour la Fougère étudiée.) Cet organisme vert est bien différent de la Fougère adulte; c'est une lame, en forme de cœur, fixée au sol par des poils absorbants; on l'appelle *prothalle* : c'est le *gamétophyte* (fig. 6, B).

Les bords sont formés d'une seule assise de cellules; la partie médiane, légèrement épaissie, forme le *coussinet*.

A la face inférieure de la lame vont apparaître des organes sexuels produisant des cellules sexuelles ou *gamètes*.

Quand on fait une coupe dans le coussinet d'un gamétophyte très jeune, on voit à la face inférieure, au milieu de cellules indifférenciées, certaines cellules particulières qui font saillie comme des poils (fig. 6, C). Ce sont les cellules *germinatives;* elles peuvent donner deux sortes d'appareils sexuels, placés généralement côte à côte chez les Fougères : *anthéridies* ou organes mâle, *archégones* ou organes femelles.

b) *Formation des anthérozoïdes.* — Pour former les anthéridies, la cellule initiale donne un massif de cellules, à peu près sphérique, qui comprend une assise périphérique et une masse interne de cellules serrées les unes contre les autres, à protoplasme dense et qui sont les cellules-mères des anthérozoïdes (fig. 6, D).

A l'état jeune, l'une de ces cellules-mères renferme un protoplasme abondant avec un noyau à quatre chromosomes. On voit, à côté du noyau, un petit corps colorable qui est sans doute un centrosome ; on l'appelle *blépharoplaste* (fig. 6, E).

Puis, le noyau s'allonge, prend l'aspect d'une virgule, le blépharoplaste s'allonge, le protoplasme diminue de volume. Finalement, le noyau a une forme spiralée à plusieurs tours ; le blépharoplaste s'allonge en une longue bande qu'il n'est pas toujours facile de distinguer du noyau. Le protoplasme se dispose en une couche très mince qui entoure le noyau. Tout le long du blépharoplaste se développent des cils très fins. L'élément ainsi constitué est un anthérozoïde (fig. 6, F).

Caractères spéciaux des anthérozoïdes. — Les anthérozoïdes sont toujours de très petite taille ; le noyau les forme presque en entier, tandis que le protoplasme est très réduit. Ils sont toujours mobiles.

Lorsque les anthérozoïdes sont mûrs, la paroi de l'anthéridie se rompt et les anthérozoïdes sont mis en liberté. Ils nagent dans une goutte d'eau, sous le prothalle.

c) *Formation des oosphères.* — Un arché-

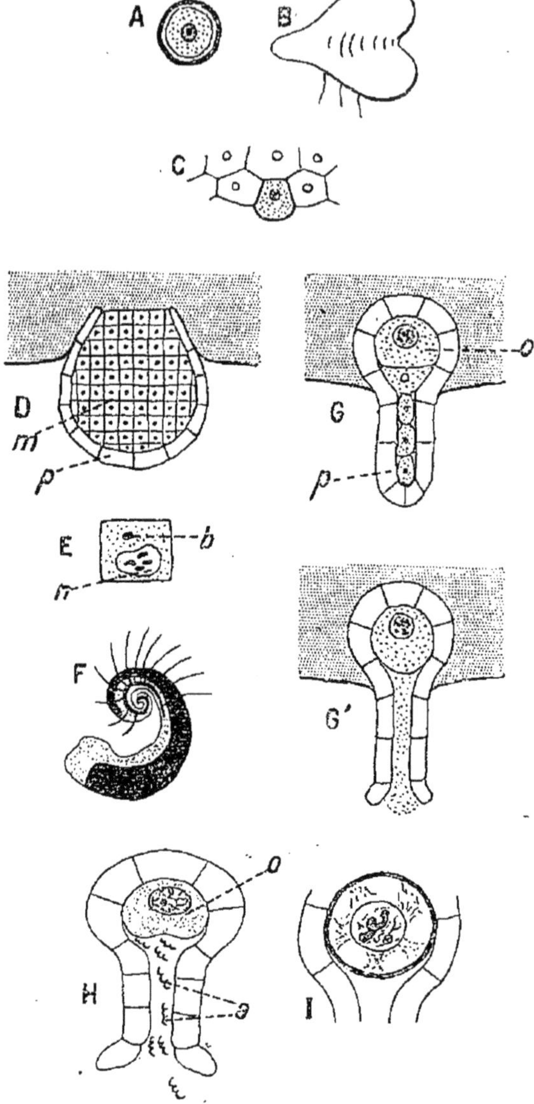

Fig. 6. — Évolution sexuelle d'une fougère.

A, spore. — B, gamétophyte. — C, cellule initiale d'une anthéridie ou d'un archégone. — D, anthéridie ; *p*, paroi stérile ; *m*, cellules mères. — E, une cellule mère d'anthérozoïde ; *n*, noyau ; *b*, blépharoplaste. — F, anthérozoïde (la grande partie noire est le noyau, l'arc interne est le blépharoplaste). — G, jeune archégone ; *p*. paroi stérile ; *o*, oosphère. — G', archégone ouvert. — H et I, fécondation ; *a*, anthérozoïdes ; *o*, oosphère.

gone dérive d'une cellule, semblable à celle qui donne l'anthéridie, mais dont l'évolution est un peu différente.

La cellule initiale donne un groupe de cellules en forme de bouteille, avec une panse et un col. On y distingue des cellules périphériques et, au centre, des cellules à caractères embryonnaires; ces dernières sont homologues des cellules-mères des anthérozoïdes. La cellule la plus profonde s'accroît et donne l'élément femelle ou *oosphère* (fig. 6, G). Les cellules du col se transforment en une masse mucilagineuse amorphe (fig. 6, G'). Ainsi, le col est ouvert à son sommet et rempli de cette matière mucilagineuse; et au centre de la partie renflée, se trouve une grosse cellule sans membrane, avec un noyau à quatre chromosomes.

Caractères de l'oosphère. — L'oosphère est toujours relativement grosse par rapport à l'anthérozoïde; elle renferme un gros noyau et une masse assez abondante de protoplasme.

On donne aux deux éléments sexuels le nom de *gamètes*.

La formation des gamètes sur le prothalle marque la première phase du développement de la plante; d'où le nom de gamétophyte donné à cette lame verte issue de la spore.

15. Fécondation. — Les anthérozoïdes mis en liberté dans une goutte d'eau y nagent quelque temps, puis ils semblent attirés par le col des archégones (chimiotactisme). On voit un grand nombre d'entre eux se précipiter vers le col.

pénétrer dans le mucilage et l'un d'eux arrive jusqu'à l'oosphère; il y a conjugaison (fig. 6, H).

Dans l'oosphère, on peut voir à ce moment deux noyaux; un noyau femelle très gros, un noyau mâle spiralé (fig. 6, I); l'oosphère est transformé en œuf. Le noyau mâle s'accole au noyau femelle; il y a fusion des deux noyaux, et le noyau de l'œuf renferme huit chromosomes.

Un œuf est une masse protoplasmique entourée d'une membrane et renfermant un noyau d'origine complexe.

La fécondation a pour effet de constituer une cellule ayant deux fois plus de chromosomes que les cellules dérivées de la spore.

L'œuf, resté dans l'archégone, va commencer à se développer sur place en se multipliant. Il donne naissance en définitive à une Fougère capable de produire de nouvelles spores et que nous appelons pour cette raison *sporophyte*.

Le développement de l'œuf se fait à la façon ordinaire en donnant d'une part des cellules somatiques, d'autre part des spores.

16. Formation des spores. — Toutes les cellules qui dérivent de l'œuf ont un nombre constant de chromosomes (huit).

Prenons une très jeune feuille de Fougère où les spores ne soient pas encore formées. Sur une coupe, à la face inférieure, nous verrons certaines cellules faire saillie; ce sont des cellules de petite taille, mais à protoplasme abondant, et pourvues d'un gros noyau. Ces cellules représentent, à cette phase, la partie germinative de l'organisme.

Chacune d'elles donne un petit massif pédi-

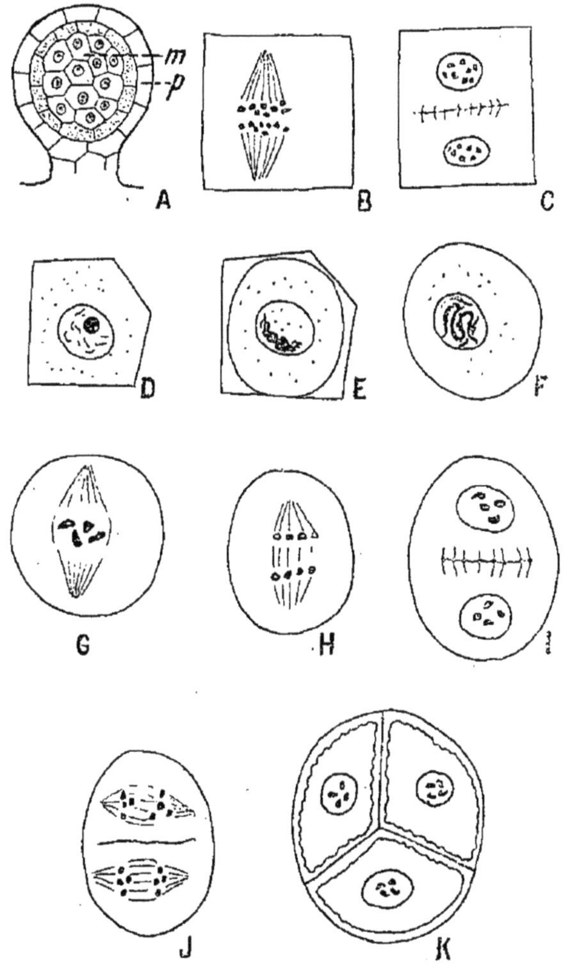

Fig. 7. — Formation des spores.

A, jeune sporange ; *p*, paroi stérile ; *m*, cellules mères. — B et C, une livision dans le tissu fertile du sporange, avant la réduction chromatique cellules à huit chromosomes). — D à J, réduction chromatique : D, cellule mère au repos ; E, stade synapsis ; F, stade spirème ; G, division du spirème en quatre masses chromatiques, apparition du fuseau ; H et I, chaque nasse chromatique donne deux chromosomes qui se répartissent en deux noyaux fils ; J, deuxième division semblable à la première. — K, formation le quatre spores en tétrade.

culé appelé sporange, comprenant un pédicelle

formé de cellules stériles et une partie renflée constituée par une paroi et une masse centrale (fig. 7, A). Celle-ci est formée de grosses cellules à protoplasme dense, à gros noyaux renfermant huit chromosomes (fig. 7, B, C, D) : ce sont les cellules-mères des spores. Chacune va donner quatre spores, par deux divisions successives. Ces divisions auront pour résultat de *réduire de moitié le nombre des chromosomes de chaque spore* (fig. 7).

Réduction chromatique ou *méiose*. — La masse chromatique semble devenir plus compacte dans un coin du noyau c'est la phase *synapsis* (fig. 7, E). Beaucoup d'auteurs pensent qu'à ce moment la chromatine des huit chromosomes se fusionne ; il y aurait, pour ainsi dire, une deuxième fécondation. Puis la membrane du noyau se dissout ; on ne voit apparaître que quatre chromosomes de formes diverses. Comme à l'ordinaire, il se développe un fuseau protoplasmique, il apparaît deux groupes de quatre masses chromatiques. Avant que deux noyaux nouveaux ne se soient reconstitués, il se produit une nouvelle division nucléaire. En définitive, il y a, dans la cellule initiale, formation de quatre nouvelles cellules dont les noyaux ne renferment que quatre chromosomes. Ces cellules vont donner les spores qui seront mises en liberté, au moment où le sporange s'ouvrira (fig. 7, F à K).

L'ensemble de ces phénomènes qui se produisent à partir des cellules-mères des spores a été désigné sous le nom de « réduction chromatique » ou encore « méiose ».

RÉSUMÉ. — *a*) Le premier fait à constater est celui d'une *alternance de générations*, ou succession de deux organismes différents. On peut résumer en un tableau les productions à partir de la spore.

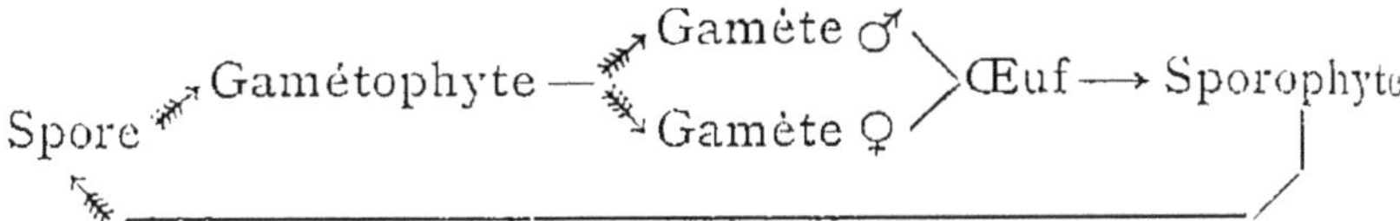

On a reconnu, grâce en partie à Hofmeister, que ce phénomène est général chez toutes les plantes supérieures.

b) Au point de vue histologique, le gamétophyte est formé d'un nombre (n) réduit de chromosomes. Les gamètes en renferment aussi n. Il se forme ensuite un œuf avec $2n$ chromosomes, nombre qui persiste pendant toute la vie du sporophyte : celui-ci donne des spores, mais pour constituer les spores, les cellules du sporophyte subissent une réduction chromatique qui ramène à n le nombre des chromosomes.

Ces faits, quelle que soit leur complication, ont une immense généralité et par suite une grande importance.

Il apparaît que les deux phases de l'évolution du germen, *fécondation* et *méiose*, sont indissolublement liées. On le reconnaît en particulier dans les anomalies du mode de reproduction.

17. Anomalies du mode de reproduction. — Dans un grand nombre de cas, les plantes supérieures se reproduisent de façon anormale. On a classé depuis longtemps ces anomalies en trois groupes :

1° *Apogamie :* il ne se forme pas de gamètes, ou s'il s'en forme, ils ne donnent pas d'œuf.

2° *Aposporie :* le cycle évolutif s'accomplit sans formation de spores, par conséquent sans réduction chromatique.

3° *Parthénogénèse :* une cellule ressemblant à une oosphère se développe sans fécondation.

Apogamie. — Les prothalles de certaines Fougères nées de spores ne produisent pas d'archégones, ou pas d'anthéridies, ou ne présentent pas de phénomènes de fécondation s'il y a cependant des archégones ou des anthéridies.

Ces prothalles peuvent vivre d'une façon prolongée; on voit, après de longs mois, se produire le sporophyte à partir de ces prothalles. Ce phénomène s'observe chez certaines races de Fougères; on peut le provoquer chez un assez grand de Fougères, à condition de ne pas arroser les prothalles, car l'anthérozoïde ne peut arriver à l'archégone qu'en nageant dans l'eau. Une des cellules du parenchyme du prothalle se développe et donne le sporophyte.

On a étudié ce cas de près; en réalité, avant de se développer, la cellule qui donne le sporophyte a reçu le noyau d'une cellule voisine : il y a fusion de deux noyaux. L'apogamie est ici plus apparente que réelle. Il n'y a pas de gamètes différenciés, mais il y a, en quelque sorte, des gamètes suppléants. La fécondation de ces derniers peut amener le nombre des chromosomes de n à $2n$; c'est la fécondation véritable, sans luxe d'organes accessoires.

On connaît cependant des cas d'apogamie vraie ; une cellule du gamétophyte qui n'a présenté aucune fusion nucléaire donne le sporophyte.

Dans ce cas, le sporophyte qui en résulte ne donne jamais de spores. Sur les feuilles de ce sporophyte, il pousse un ou plusieurs bourgeons qui se développent en autant de gamétophytes sans formation de spores ; sporophyte et gamétophyte ont n chromosomes.

L'apogamie réelle s'accompagne de l'aposporie[1].

18. Multiplication asexuelle. — Sur les feuilles de certaines Fougères, poussent de petits bulbilles formés de quelques feuilles et de racines ; ces bulbilles coupés et transplantés donnent des Fougères. Non seulement il n'y a pas de gamètes, ni de spores différenciés mais l'alternance du gamétophyte et du sporophyte disparaît aussi. C'est la multiplication asexuelle ; ce cas est fréquent : les tubercules de Pommes de terre sont des bourgeons végétatifs comparables aux bulbilles des Fougères ; des fragments de tige peuvent reproduire un végétal : le marcottage et le bouturage sont des opérations souvent répétées pour obtenir de nouveaux individus.

1. La *parthénogénèse*, sous la seule forme où on la connaît, est un cas particulier de l'apogamie. Au lieu que ce soit une cellule quelconque, c'est une oosphère qui se développe sans fécondation ; mais ensuite, il y a *aposporie*, et par conséquent pas de réduction chromatique.

Malgré cette fréquence, la multiplication végétative est un mode secondaire de reproduction. A mesure qu'on a mieux étudié les êtres vivants, la sexualité est apparue comme un phénomène essentiel. On croyait autrefois que les Champignons se reproduisaient sans sexualité. M. Dangeard a montré que la sexualité existe aussi chez les Champignons ; on l'a même reconnue chez certaines Bactéries.

La multiplication végétative, phénomène simple, ne présente pas, à beaucoup près, la même généralité que ce phénomène de la sexualité, cependant étrange et complexe.

CHAPITRE II

LA NOTION D'ESPÈCE

Ce sujet comprend l'étude des lois de l'*hérédité* et de la *variation;* pour une part ces lois sont l'objet d'expériences modernes, mais le sujet reste fort complexe.

19. Principe de la continuité de la vie. — Toute recherche expérimentale se fonde sur le principe de la continuité de la vie aujourd'hui établi dans toute sa généralité. Les êtres *procèdent les uns des autres sans discontinuité;* nulle part on n'a pu observer de création, ni de génération spontanée, ce qui signifie la même chose. Même pour les organismes les plus infimes ce principe reste vrai; on l'a contesté longtemps pour les microbes mais Pasteur a fait justice de cette vue. Comme nous n'avons aucune évidence expérimentale de création ou de génération spontanée, nous n'avons aucune raison de croire qu'il n'en est pas ainsi depuis fort longtemps. Les plantes actuelles descendent de longues séries d'ancêtres qui se sont succédé depuis les temps les plus reculés, continuant leurs races au milieu d'événements complexes.

Si nous avions des registres d'état civil bien tenus, permettant la reconstitution d'un arbre généalogique, les lois d'évolution de la race nous seraient connues ; nous cherchons à reconstituer cet arbre généalogique en comptant seulement sur l'observation ; c'est une tendance commune à tous les botanistes.

Un *travail d'analyse* a été fait par les descripteurs et les systématistes ; ils se sont souvent appliqués à nommer les êtres vivants et à leur assigner une place.

Plus récemment la *recherche expérimentale* des lois de l'hérédité a déterminé un courant nouveau, et l'effort des biologistes modernes consiste surtout à découvrir la filiation des organismes grâce aux résultats de ces expériences.

Nous nous proposons de passer en revue les données les plus essentielles que ces deux séries de travaux ont pu préciser.

Les systématistes.

On peut affirmer que dans la nature il n'y a pas deux êtres exactement semblables pas plus qu'il n'y a sur un même arbre deux feuilles identiques. Nous le savons bien en ce qui concerne les êtres avec qui nous vivons familièrement : femmes, hommes, chiens ou chats. Pour ces êtres, nous appliquons un nom à chaque individu que nous reconnaissons sans peine à ses particularités distinctives.

Mais nous ne pouvons matériellement pas appliquer cette règle à tous les êtres de la nature et nous nous contentons pour ceux qui nous sont les moins familiers de nommer par un vocable unique des groupes d'êtres ayant en commun certains caractères généraux constants. Des mots comme Blé, Carotte, Mouton, s'appliquent à de semblables collectivités et évoquent en général une image unique dans l'esprit de ceux qui s'en servent, malgré la diversité réelle des êtres désignés par ces noms collectifs. La distinction de ces groupes d'êtres reconnaissables par certains caractères généraux correspond à une nécessité pratique évidente ; elle a été faite de tout temps d'une façon plus ou moins grossière et, en ce sens, les premières tentatives de classification remontent aux origines du langage humain.

20. La réforme de Linné. — Le premier progrès qui ait marqué dans l'étude de la distinction des espèces de plantes l'aurore d'une étude scientifique a été de définir et d'énumérer avec précision les *caractères* de chaque espèce, caractères dont l'ensemble définit le mot par lequel l'espèce est distinguée. Cette définition des noms d'espèces par une énumération de caractères fait l'objet des *Flores*, ouvrages de la nature des dictionnaires, ayant pour but de fixer d'une façon aussi précise que possible le langage des Botanistes.

Les Flores qui sont actuellement d'un usage courant sont rédigées d'après les principes généraux fixés par Ch. Linné, naturaliste suédois du XVIIIe siècle. Il n'a pas été le premier auteur de Flores, mais il a été des premiers à rédiger dans un langage uniforme et simple des ouvrages de ce genre d'une grande étendue, avec un louable souci de donner une définition précise des noms spécifiques qu'il choisissait.

Linné divisait les plantes en groupes élémentaires ou *espèces*, chaque espèce étant définie par une courte et précise énumération de ses caractères ; cette énumération, faite originairement en latin, constitue la *diagnose* de l'espèce. Linné eut, entre autres, le talent de donner des diagnoses très courtes et très claires.

Les espèces, ou groupes élémentaires sont, à leur tour, réunies en *genres*, groupes plus étendus comprenant des espèces qui ont en commun quelques caractères généraux dont l'énumération constitue la diagnose du genre.

Cette double distinction en genres et espèces est marquée dans la terminologie par l'emploi de la nomenclature binaire. Chaque espèce est désignée par deux noms : celui du genre auquel elle appartient et celui qui la caractérise dans ce genre. Par exemple, l'ensemble des Cerisiers, Merisiers, Abricotiers, Pruniers, Prunelliers forme le genre *Prunus*, défini par ses fleurs à style unique, ses fruits charnus renfermant un noyau lisse à sutures proéminentes.

Les Cerisiers sont réunis en une espèce : *Prunus Cerasus*, définie par ses fleurs en ombelles, portées par un court pédoncule, ses feuilles ovales, lancéolées et lisses. Les Merisiers rentrent dans une autre espèce, *Prunus avium*, définie par ses fleurs en ombelles, sans pédoncule, ses feuilles ovales, lancéolées, un peu cotonneuses en dessous.

Cette *nomenclature binaire* des espèces a semblé commode et est devenue traditionnelle.

21. Les synonymies. — Linné s'était proposé de fixer le langage botanique en donnant une définition précise des espèces et des genres : c'était un louable dessein qui aurait pu aboutir, si nul, avant ou après Linné, n'avait décrit de plantes, et si lui, Linné, les avait décrites toutes. On aurait pu admettre dans un but de commodité, une édition *ne varietur* de sa flore, comme unique dictionnaire. Il n'en a pas été ainsi et l'autorité même de Linné n'a pas été de nature à fixer les noms et les distinctions d'espèces en évitant toute confusion.

La réforme de Linné est en effet superficielle et verbale ; elle fixe une règle de langage mais elle laisse à l'appréciation des botanistes qui décrivent des plantes le choix des caractères spécifiques, et naturellement tous n'apprécient pas ces caractères de la même manière. Tel pourra réunir les caractères communs des Cerisiers et Merisiers et en faire une diagnose qui définira une espèce unique renfermant ces plantes ; tel autre pourra énumérer les caractères particuliers de diverses races de Cerisiers cultivés et en faire autant d'espèces.

Depuis près de deux cents ans, les auteurs de flores ont appliqué la nomenclature binaire, mais chacun comprenait les espèces à sa manière et leur donnait des noms, et il en est résulté une inextricable confusion de langage.

Il arrive communément que deux flores différentes et également estimées d'un même pays proposent des noms différents pour une même plante. Le travail des botanistes se heurte ainsi pratiquement à la question compliquée des *synonymies.*

Montrons par un exemple en quoi elle consiste.

Sonchus oleraceus Linné. (Laiteron des Jardins), est défini au milieu des autres Laiterons par *ses pédoncules cotonneux et son involucre lisse.*

Villars, auteur d'une flore du Dauphiné (1787), en récoltant des plantes répondant à cette diagnose y distingue deux espèces :

1° *Sonchus asper* Villars, oreillettes des feuilles obtuses, achaines à côtes fines et lisses ;

2° *Sonchus lævis* Villars, oreillettes acuminées, achaines à côtes ridées transversalement.

On peut aller plus loin. Cosson et Germain par exemple isolent dans l'espèce *Sonchus asper*, une espèce *Sonchus glandulosus*, ayant sur les pédoncules et l'involucre quelques poils glanduleux.

Ce *Sonchus glandulosus* peut donc être appelé de ce nom avec Cosson et Germain, ou *Sonchus asper* avec Villars, ou *Sonchus oleraceus* avec Linné. Voilà une source de confusion ! On s'en tire en faisant toujours suivre le nom de l'espèce du nom de l'auteur qui l'a décrite.

On écrira : *Sonchus oleuraceus* L. (Linné).
Sonchus asper Vill.
Sonchus glandulosus Cos. et Ger.

Le lecteur qui trouve un de ces noms et veut

savoir de quoi il s'agit doit se reporter aux descriptions faites par les auteurs cités.

Une difficulté plus grande encore se rencontre quelquefois, lorsqu'un même nom se trouve appliqué dans deux sens différents.

Par exemple, l'isolement de *Sonchus asper* étant admis, beaucoup d'auteurs continuent à appliquer le nom de *Sonchus oleraceus* à ce qui reste de l'espèce linnéenne, c'est-à-dire au *Sonchus lævis* de Villars! Quelqu'un qui se pique de précision et qui voit citer dans un ouvrage de botanique le nom de *Sonchus oleraceus*, doit faire parfois tout un travail pour savoir de quelle plante on a voulu parler!

Il n'est pas rare qu'une espèce se soit vu attribuer dix à vingt noms différents et on est réduit journellement à l'emploi d'ouvrages spéciaux comme l'index de Kew qui relèvent les synonymies.

Deux noms considérés comme synonymes ne désignent pas nécessairement les mêmes plantes. Même si les auteurs de flores ont eu entre les mains des plantes identiques, ils n'ont sans doute pas choisi les mêmes caractères pour leurs diagnoses. L'un peut définir la plante par la forme des feuilles et le nombre des étamines, l'autre par la disposition des carpelles et le type de l'inflorescence.

Il ne reste plus qu'un moyen pour savoir s'ils ont eu la même plante en vue : si tous deux ont fait un herbier et l'ont étiqueté de leurs mains, il faut aller y voir les échantillons qu'ils nomment. D'où la nécessité d'accumuler sans cesse des herbiers encombrants, dont le classement et l'entretien absorbent un temps considérable et qu'on pourrait mieux employer. Il y a des gens qui se font une spécialité de résoudre ces sortes de problèmes, qui acquièrent dans la science des synonymies des connaissances vastes et nombreuses. Ils passent pour de savants spécialistes et atteignent même à une renommée mondiale; ils font et défont des espèces en substituant leurs noms à ceux de naturalistes éminents, et ils ne sont pourtant que des collectionneurs d'étiquettes qui n'avancent en rien notre connaissance de la nature.

Chacun sent la nécessité de sortir de cette impasse, mais comment ?

Périodiquement les botanistes se réunissent en congrès dans le but de fixer la nomenclature en élaguant les synonymies, et en convenant, par exemple, de choisir systématiquement les noms les plus anciens au détriment des autres. Un congrès peut ainsi perfectionner les règles existantes pour élaborer un code qu'il espère imposer. Mais un concile scientifique ne dispose pas, pour imposer ses règles draconiennes, d'un pouvoir efficace d'excommunication.

La vérité est qu'il y a à la base de ces difficultés un vice fondamental qui les rend irréductibles. Linné a bien proposé des règles précises de langage pour nommer les espèces, mais ni lui ni ses successeurs n'ont donné un criterium précis pour le choix des caractères servant à les distinguer. La tentative des congrès est de codifier un langage parfaitement précis applicable sans conteste à des choses imprécises!

C'est la recherche d'un semblable *criterium de distinction des espèces* qui serait dans la question le point de départ essentiel. Il n'est pas certain qu'on puisse y atteindre, mais il est très vraisemblable que par une étude plus précise des caractères des plantes et de leur fixité, on arrivera à diminuer notablement la part d'arbitraire laissée à la distinction des espèces.

22. L'immutabilité des espèces. — Linné ne prit pas la peine de discuter longuement la possibilité de distinguer les espèces; lui, et ses adeptes, vécurent sur le principe, admis sans preuves, de l'*immutabilité des espèces*.

La forme la plus claire en est la suivante : A l'origine, il aurait été créé un certain nombre de plantes distinctes par leurs caractères. La descendance de chacune de ces plantes formerait actuellement une espèce gardant les caractères essentiels de la plante ancestrale.

Les espèces seraient ainsi d'origine et de nature parfaitement distinctes et l'on devrait pouvoir s'entendre sur leur isolement.

On peut toujours admettre un principe, même posé *a priori*, s'il est de nature à guider le travail. En ce sens, celui-là était valable comme un autre. Pour l'appliquer, il aurait fallu rechercher dans chaque espèce, afin d'établir sa diagnose, des caractères invariables au cours de générations successives, mais on ne se livrait pas à cette recherche expérimentale qui aurait eu de l'intérêt et Linné prétendait découvrir du premier coup et *par intuition* les caractères spécifiques. Le principe qui aurait dû être directeur de la recherche est simplement resté pour Linné et ses successeurs, esprits peu scientifiques, à l'état de dogme non utilisé. Il suffisait cependant à donner une apparente solidité au système et les botanistes, l'ayant accepté une fois pour toutes, poussaient en avant leur travail et accumulaient les descriptions sans regarder si, derrière eux, le terrain était solide.

Cela dura jusqu'au jour où le livre de Darwin sur *l'Origine des Espèces*, paru en 1859, vint troubler la quiétude des systématistes.

23. L'origine des espèces. — Darwin, dans son livre, s'attaquait directement au principe de l'immutabilité des espèces. Il soutenait que les plantes ou les animaux d'une espèce actuelle n'ont pas toujours été semblables à ce qu'ils sont, mais ont acquis graduellement leurs caractères distinctifs au cours de l'évolution de leur race. Les descendants d'une même plante, dans le cours des temps, ont pu acquérir des caractères divers et former plusieurs des espèces que nous distinguons. Il y aurait donc entre les plantes d'espèces diverses, non pas seulement ressemblance (ce que personne ne conteste), mais encore véritable parenté; il ne faudrait attacher aux distinctions spécifiques aucun sens absolu.

L'argumentation abondante par laquelle Darwin soutint cette théorie repose essentiellement sur trois constatations concernant la *variation*, la *lutte pour la vie*, la *sélection naturelle*.

Examinons successivement ces trois points :

1° *La variation.* — Darwin donne de nombreux exemples de la modification de certains caractères des êtres, au cours des générations. Ces exemples sont pris surtout parmi les animaux ou les plantes domestiques que les hommes ont depuis longtemps examinés de plus près que les espèces sauvages. Chacun sait qu'on présente chaque année dans les expositions horticoles ou agricoles des *nouveautés*, c'est-à-dire des êtres ayant des caractères inconnus jusque-là et qu'on parvient à maintenir par une culture bien comprise. Darwin part de ces faits pour affirmer, sans trop préciser, que les caractères des êtres peuvent se modifier dans le cours des générations et que les modifications produites peuvent se maintenir héréditairement.

Il ne s'attache pas spécialement à chercher les conditions qui entraînent de semblables variations, mais *il prend la variation comme un fait*; on peut se borner à le constater et à l'observer à des degrés divers chez un nombre immense d'êtres.

2° *La lutte pour l'existence.* — Darwin étend à toute la nature la constatation que Malthus avait déjà faite pour l'espèce humaine : il naît chaque année plus d'individus qu'il n'en peut vivre, et beaucoup sont détruits soit peu après leur naissance, soit avant de s'être reproduits. Une minorité seule persiste et a une descendance.

Prenons une plante annuelle qui donnerait deux graines seulement par année (toutes sont incomparablement plus productives). Si ces deux graines devenaient deux plantes fertiles et ainsi de suite, en vingt ans la descendance serait de plus d'un million de plantes.

Le calcul a déjà été fait par Linné et il est des plus faciles. Assurément, il n'y a pas de plante qui s'étende pareillement; dans la descendance de chacune, il se fait au jour le jour de véritables hécatombes. Les circonstances qui amènent ces morts prématurées sont des plus diverses; il est impossible d'en donner une analyse complète. Pour les plantes, ce seront par exemple : la dent des herbivores, les maladies cryptogamiques, la croissance dans le voisinage de grands végétaux qui étoufferont à leur ombre des plantes plus délicates, etc.

Chaque plante doit compter avec d'innombrables circonstances qui peuvent arrêter sa vie, « lutter » contre elles, si l'on veut, mais il s'agit là d'une lutte toute passive. C'est ce fait incontestable que Darwin traduit par l'expression peu heureuse de « lutte pour l'existence », constante entre les êtres vivants.

3° *La sélection naturelle.* — Les éleveurs ou les cultivateurs ne gardent chaque année qu'une partie de leurs produits et ils font naturellement choix des individus ayant les qualités les plus recherchées pour leur faire donner une descendance. C'est grâce à cette *sélection* artificielle constante qu'ils arrivent à maintenir et à propager les races les plus utiles dès que ces races sont apparues par variation.

Dans la nature, une semblable sélection se fait automatiquement par suite de la lutte pour l'existence. Parmi tous les individus d'une espèce exposés à des circonstances déterminées, seuls persistent ceux dont la vie est compatible avec ces circonstances. *A priori*, si nous voyons sur un petit espace germer un millier de graines d'une même plante, nous savons qu'elles ne vivront pas toutes, mais nous ne connaissons pas d'avance celles qui persisteront, et pourquoi elles persisteront.

Après coup, nous verrons bien que certaines seulement persistent et nous dirons que celles-ci étaient les plus aptes à persister. Ainsi présentée, cette loi paraît énoncer une vérité banale, et c'est pourtant de cette manière que Darwin l'expose. *La lutte pour la vie entraînant la persistance du plus apte est donc un facteur constant de sélection naturelle.*

24. Linné et Darwin. — En résumé, voici comment Darwin comprend l'origine des espèces :

Une plante donnée a des descendants nombreux ; certains d'entre eux lui ressemblent plus ou moins étroitement, d'autres en diffèrent par des caractères divers. De ces plantes, beaucoup mourront prématurément ; certaines seulement seront sélectionnées par la lutte et persisteront. Ainsi, de toutes les variations apparues, certaines seulement se maintiendront.

Les mêmes faits se reproduisent à la génération suivante ; des caractères nouveaux apparaissent et se sélectionnent. Au bout d'un grand nombre de générations, les descendants pourront être très dissemblables. Quelques-uns auront conservé les caractères de la plante mère, mais d'autres auront des caractères très différents. Il se pourra que des descendants se répartissent en *groupes distincts*, ayant *des caractères nets*, si la sélection naturelle a supprimé les formes intermédiaires. Le botaniste descripteur n'hésitera pas à considérer comme des espèces distinctes ces plantes proches parentes.

Ces idées, comme beaucoup de celles qui ont eu un rôle important dans l'histoire des sciences, sont des plus simples. Après des controverses passionnées, les idées transformistes de Darwin ont été acceptées dans leurs traits essentiels par l'immense majorité des naturalistes. Nous pouvons considérer « l'origine des espèces » simplement comme un fait historique; l'essentiel après tout n'est pas qu'une théorie s'approche plus ou moins de la vérité définitive, mais *qu'elle serve comme instrument constant de compréhension des faits et qu'elle soit à un instant donné l'instrument provisoirement le meilleur*. C'est le cas des théories de Darwin contre lesquelles on n'a pas élevé d'objection qui paraisse irréductible, et qui ont permis de coordonner un grand nombre de faits dans toutes les branches des sciences naturelles, particulièrement en paléontologie.

En définitive, Linné et Darwin ont envisagé deux faces d'un même problème qu'ils n'ont ni l'un ni l'autre sérieusement traité et qui est resté en héritage aux naturalistes modernes.

1° Linné connaissait la variation, mais la négligeait; il affirmait l'*existence de caractères héréditaires permanents*, mais en fait il les distinguait au jugé et n'aboutissait qu'à une classification arbitraire dont nous n'usons encore qu'en attendant mieux. Les successeurs et les adeptes de Linné ne se sont généralement pas plus que lui préoccupés d'apprécier par des méthodes précises la fixité héréditaire des caractères à employer dans la classification.

2° Darwin proclame l'*importance de la variation*, mais il n'en fait pas davantage une étude précise : c'est le point faible de son œuvre. Nous verrons par la suite que l'étude de la variation chez les animaux domestiques soumis à la sélection artificielle ne suffit pas à donner la clef de l'origine des espèces sauvages. Pendant les années de controverse qui suivirent la publication des livres de Darwin, l'étude précise de la variation est restée bien négligée. On s'est battu sur des idées générales en puisant presque exclusivement dans les faits souvent imprécis que Darwin avait réunis.

Depuis une vingtaine d'années, un mouvement scientifique nouveau s'est dessiné. On s'est mis enfin à étudier expérimentalement et avec précision ce double problème de l'*hérédité* et de la *variation* afin de se faire une idée correcte sur l'« espèce » et sur « l'origine des espèces », questions intimement liées.

Je voudrais dégager les principaux résultats et les principales tendances de ce mouvement scientifique moderne, en sériant les questions de la manière suivante :

1° *Quels sont les degrés et les modes de la*

fixité héréditaire des caractères chez les plantes?

2° *Quels caractères doit-on choisir comme spécifiques?* Quelles sont les règles générales à appliquer dans la distinction des espèces?

3° *Quelle est l'amplitude des variations donnant naissance à des espèces nouvelles?*

CHAPITRE III

L'HÉRÉDITÉ DES CARACTÈRES

25. Conditions idéales d'une étude précise. — L'observation simple et directe des plantes, par laquelle Linné espérait pouvoir apprécier si un caractère est héréditairement fixe, est une méthode insuffisante et vicieuse.

Pour apprécier si un caractère est fixe dans une série de générations, il faut cultiver cette série de générations. La méthode expérimentale est de rigueur ; on lui a dû en fait tous les progrès de la question.

Il faudrait partir d'une seule plante, en isoler les descendants ; en principe, il faudrait examiner et comparer *tous les individus* des générations successives. Evidemment cette recherche est pratiquement impossible, faute de place : mais il faudra au moins si l'on rejette des semences à chaque génération, le faire *sans aucun choix* : par exemple, on ne prendra pas *systématiquement* les premières graines formées, ou les dernières, on ne s'appliquera pas davantage à choisir les plus lourdes ou les plus légères, etc. On s'attachera au contraire à récolter autant que possible toutes les graines, on les mêlera, puis on prendra dans cet ensemble, *au hasard*, un grand nombre de graines.

Si l'on rejetait systématiquement les graines ayant une particularité, rien ne dit que celles-ci n'auraient pas donné des plantes différentes des autres. Cette précaution, totalement absente de l'étude des races domestiques, paraît cependant indispensable pour tirer des résultats sérieux de cette étude. L'agriculteur, l'horticulteur, l'éleveur, choisissent toujours, fût-ce inconsciemment. Les documents tirés de leurs observations sont, par là même, plus ou moins imparfaits. En employant presque uniquement ces documents comme l'ont fait Darwin et bien d'autres, on ouvre une porte à la confusion. Une deuxième précaution est à prendre pour séparer et sérier les questions. Dans ce qui va suivre, je supposerai toujours qu'on a *évité les croisements :* l'hérédité dans les croisements est une question complexe qu'on étudiera ensuite.

On fécondera donc chaque plante par *son propre pollen*, si c'est possible ; sinon, par le pollen de plantes de même lignée. Beaucoup d'espèces s'autofécondent naturellement; si l'autofécondation est impossible, on peut, pour éviter des croisements entre plantes d'espèces voisines, envelopper les fleurs d'un sac de parchemin, avant qu'elles ne s'épanouissent.

Quant à la plante unique qui sert de point de départ à l'expérience, il faudrait s'assurer qu'elle ne provient pas déjà d'un croisement. Cette certitude est difficile à acquérir d'avance [1]. Pour nous

1. Nous verrons plus loin que la descendance d'une plante montre avec netteté si cette plante provient ou non d'un croisement.

mettre à l'abri des chances d'erreur, prenons cette plante dans une station isolée, où les plantes de même espèce paraissent avoir, à l'observation, des caractères uniformes.

La culture faite ainsi, à l'*abri des croisements*, et en *suivant plusieurs générations* de plantes *issues d'une plante connue*, s'appelle une culture *pédigrée*. Par ce terme, on n'entend pas que les semences seront prises au hasard, car il y a des cultures pédigrées *avec sélection*, et des cultures pédigrées *sans sélection*. L'important est de se mettre à l'abri des croisements et de continuer les cultures à travers plusieurs générations.

Telles sont les conditions précises d'une culture pédigrée. Dans les expériences que je rapporterai on ne les a pas toujours exactement suivies, mais il suffit souvent qu'on s'en soit rapproché pour que les résultats puissent inspirer confiance.

Une culture pédigrée étant réalisée, on examinera sur tous les individus, à chaque génération, comment se comporte tel caractère qu'on veut étudier.

L'hérédité des caractères et les modes d'appréciation de cette hérédité diffèrent suivant les caractères qu'on envisage. On peut distinguer d'abord, pratiquement, les *caractères absolus* des *caractères moyens*.

26. Caractères absolus et caractères moyens. — Une plante peut *avoir des poils* ou *n'en pas avoir ;* les poils peuvent être *rameux* ou *simples ;* ces cas sont nettement distincts, sans intermédiaires : on dira que ce sont là des *carac-*

tères absolus. On pourrait sans doute *imaginer* des transitions ; il serait aisé de concevoir une plante peu poilue, intermédiaire entre celle qui a beaucoup de poils et celle qui n'en a pas. Mais nous disons que le caractère est absolu si les intermédiaires, possibles logiquement, ne se présentent pas ; il n'y a alors aucune hésitation dans la détermination du caractère.

Pour les caractères moyens, c'est tout autre chose. Par exemple, avoir des graines *lourdes* ou *légères*, pour des plantes voisines, sera l'expression grossière d'un caractère moyen. Quand nous disons qu'une race de plantes a des graines lourdes, le mot « *lourdes* » est imprécis ; toutes les graines n'ont pas le même poids, elles sont *plus ou moins* lourdes, *plus ou moins* légères, ce qui n'empêche pas qu'une race de plantes puisse avoir *en moyenne* des graines plus lourdes que celles d'une race voisine et qu'il y ait là une raison de les distinguer.

A. — Les caractères absolus.

27. Certains caractères absolus sont héréditaires. — L'hérédité des caractères absolus est facile à apprécier, puisque l'on n'a qu'à constater s'ils existent ou s'ils n'existent pas.

L'expérience montre que certains caractères absolus sont héréditaires, ce sont les caractères spécifiques de premier ordre ; ils ne sont pas rares et, très souvent même, des caractères qui attirent peu l'attention de l'observateur sont de ce nombre.

Prenons des exemples dans une espèce d'Orge : l'Orge à deux rangs, *Hordeum distichon* L. L'étude expérimentale de l'Orge présente plusieurs avantages : la culture rationnelle est facilitée par l'autofécondation de l'Orge, et d'autre part, pour diverses raisons pratiques, l'Orge a déjà été bien étudiée, en particulier au laboratoire d'essais de semences de Svalöf (Suède) où l'on applique depuis longtemps les procédés modernes de culture des espèces.

Linné définit l'Orge : une Graminée dont les épillets, à une seule fleur, sont groupés trois par trois à chaque étage de l'épi. L'Orge *à deux rangs* est distinguée des autres Orges parce que, dans chaque groupe de trois épillets, le *médian seul forme une graine ;* les deux autres sont mâles ou avortent. Les épillets fertiles de chaque étage sont disposés en série alternante, d'un côté ou de l'autre de l'axe de l'épi.

Dans *Hordeum distichon* ainsi défini, on peut distinguer pratiquement :

1° *Hordeum distichon nutans*, dont les épis sont arqués, et la base d'attache du grain en biseau ;

2° *Hordeum distichon erecton*, dont les épis sont droits, et la base d'attache du grain en bourrelet.

On peut pousser plus loin la division par l'observation d'autres caractèrés absolus. Sur la face dorsale d'un épillet d'Orge, on voit deux nervures placées de part et d'autre du plan de symétrie de cet épillet. Tantôt ces nervures portent *des épines*, tantôt elles sont *sans épines*. Si l'on regarde l'épillet du côté de la face ventrale, il est assez facile d'apercevoir des *poils axiaux*; quelquefois, ils sont *simples*, *dressés*, *brillants*; d'autres fois, ils sont *ramifiés*, *enroulés en spirale*, *cotonneux*.

Chacun des deux types : *Hordeum distichon nutans*, ou *Hardeum distichon erecton* peut donc présenter quatre manières d'être possibles que je résume pour l'un d'eux, dans le tableau suivant :

H. distichon nutans.	Nervures dorsales sans épines.	Poils axiaux simples, *type* α.
		Poils axiaux ramifiés, *type* γ.
	Nervures dorsales avec épines.	Poils axiaux simples, *type* β.
		Poils axiaux ramifiés, *type* δ.

Tous ces caractères absolus paraissent insignifiants en apparence, Linné ne s'était pas attardé à les examiner. Ils sont pourtant *absolument héréditaires*; jamais dans la descendance d'une plante du type γ par exemple on ne trouvera d'épillets à poils axiaux lisses. Des semences de ces divers types n'ont pas varié pendant vingt ans. Il y a donc lieu de distinguer dans *Hordeum distichon*, de Linné, huit groupes stables, à caractères absolus héréditaires.

28. Les fasciations. — A côté de ces caractères absolus qu'on peut considérer dans la pratique comme transmissibles, il en est d'autres qui ne sont que *partiellement héréditaires*. Prenons-en des exemples dans l'étude des *fasciations*.

Les fascies consistent dans l'aplatissement et la dilatation de rameaux et de tiges qui simulent la soudure de branches réunies bord à bord, à la manière des pailles d'un paillasson. Souvent les fascies s'accompagnent de torsions et de diverses anomalies des feuilles ou des fleurs.

Des fascies se rencontrent à titre exceptionnel chez beaucoup de plantes sauvages ; on les considère alors comme des *monstruosités* mais ce mot ne signifie pas grand'chose. La fasciation est un caractère qui peut se présenter à l'état normal et constant dans certaines races de végétaux : inflorescences fasciées du Chou-fleur, racines fasciées des Orchidées, fascie de l'Amarante crête de coq (*Celosia cristata*).

Si un tel caractère a une fixité héréditaire, il devient un caractère spécifique tout comme un autre. L'hérédité des fascies a été bien étudiée au point de vue expérimental. Prenons comme exemple les expériences récentes de R. von Wettstein ; elles portent sur le *Sedum reflexum*, une Crassulacée commune sur les murs dans nos régions, reconnaissable à ses cymes scorpioïdes de fleurs jaunes, recourbées en forme de patère.

Ces expériences de Wettstein sont intéressantes à plusieurs points de vue ; je les rapporte d'abord intégralement.

Wettstein trouva en 1893 près de Prague une plante de *Sedum reflexum*, dont un rameau latéral était fascié, les autres étant normaux. Ce rameau fascié et les rameaux normaux furent séparés et propagés par bouture ; la descendance de chacun garda ses caractères originels comme il est ordinaire dans la multiplication asexuelle, le rameau fascié devenant l'origine de plantes fasciées, les rameaux normaux donnant au contraire des plantes qui ne montraient aucune tendance à la fasciation.

Afin d'isoler les plantes fasciées, Wettstein en fit cultiver un certain nombre dans le Tyrol où le *Sedum reflexum* n'existe pas. En 1895, on put récolter des graines obtenues par la fécondation de ces plantes fasciées isolées. Ces graines furent semées à Prague.

41 plantes obtenues par semis, de 1897 à 1899, comprenaient 34 plantes fasciées pour 7 normales soit environ 80 p. 100. Les plantes fasciées, multipliées par voie végétative, formèrent de nouvelles graines qui en 1902 donnèrent 71 p. 100 de plantes fasciées.

Pendant ce temps, les individus dérivés de rameaux non fasciés ont donné régulièrement des plantes sans fasciations.

De Vries a depuis longtemps cultivé des fascies ou des monstruosités analogues et a eu des résultats de même nature que ceux-ci [1].

Dans la majorité des cas, les graines de plantes fasciées donnent *la moitié* ou *le tiers* d'individus « monstrueux » ; même si on isole ceux-ci, à chaque génération, pour garder leur descendance, des individus normaux réapparaissent toujours. La proportion des descendants fasciés peut être encore plus faible, ce qui a pu,

1. *Revue générale de Botanique*, t. XI, 1899.

dans certains cas, faire croire à l'absence complète d'hérédité pour ce caractère.

On peut encore donner d'autres exemples de caractères absolus partiellement héréditaires : les *Dipsacus sylvestris, à tige tordue*, dont les feuilles au lieu d'être opposées sont disposées en spirale. De Vries a cultivé de ces individus anormaux : à la première génération, ils ont donné 4 p. 100 de l'anomalie ; par l'isolement et la culture soignée, cette proportion a été augmentée.

29. Insuffisance de l'observation. — Je dirai qu'un caractère absolu est *partiellement héréditaire* lorsque dans la descendance d'une plante qui le présente, on le retrouve seulement chez un certain nombre d'individus, les autres ne le présentant pas, et cela sans transition entre les deux cas.

On donne souvent le nom d'*atavisme* au phénomène qui se produit dans la descendance d'une plante ayant un caractère absolu qui peut apparaître ou disparaître d'une façon plus ou moins régulière. Ainsi quand, dans la descendance de *Sedum* fasciés on voit apparaître des *Sedum* non fasciés, on dit qu'il y a retour atavique au caractère d'un ancêtre non fascié.

L'existence de ces caractères *partiellement héréditaires* montre assez que l'observation seule est impuissante à établir la distinction des plantes. Dans les expériences de Wettstein, des Sedum non fasciés n'ont jamais dans leur descendance des *Sedum* fasciés. Au contraire, des *Sedum* fasciés peuvent présenter dans leur descendance *une certaine proportion* de *Sedum* fasciés et des *Sedum* non fasciés. Nous pouvons, à ce qu'il semble, isoler dans l'espèce *Sedum reflexum*, deux lignées de plantes : la lignée *f*, dans laquelle apparaissent, périodiquement, en plus ou moins grand nombre, des fasciations, tandis que dans la lignée *n*, elles n'apparaissent jamais.

Les plantes de ces deux lignées sont-elles cependant différentes ? Les premières ont-elles quelque chose qui manque aux secondes et qui les en distingue ? C'est probable ; nous pouvons dire, avec imprécision, que les premières ont la *propriété* de donner, dans de bonnes conditions de culture, un certain nombre de descendants fasciés, tandis que les autres, dans les mêmes conditions, n'ont pas cette propriété. Le caractère même de la fasciation n'est pas absolument héréditaire ; ce qui est héréditaire, c'est *la propriété de donner des plantes fasciées*. L'observateur ne voit que les caractères ; l'expérimentateur peut, dans une certaine mesure, apprécier les propriétés.

30. Les particules représentatives. — Par l'examen de ces cas d'hérédité partielle, nous sentons que nous n'avons pas encore à notre disposition une méthode suffisante pour percevoir entre deux êtres des différences que l'étude seule de leur descendance manifestera. On a au moins imaginé plusieurs hypothèses, et créé plusieurs modes de langage. Malgré leur bizarrerie, il faut les indiquer puisque des gens comme Weissmann ou De Vries y ont recours et qu'on est exposé à les rencontrer dans la langue botanique courante.

Les premiers naturalistes qui ont employé le microscope à l'étude des phénomènes de la reproduction, ont cru que dans le premier germe d'un être, cet être existait déjà tout formé, avec ses caractères, et qu'il ne faisait ensuite que grandir, les caractères devenant ainsi peu à peu visibles. On sait bien aujourd'hui que ce n'est pas vrai ; on chercherait vainement une petite Fougère dans l'oosphère ou l'anthérozoïde d'une Fougère.

Mais on a repris la théorie sous une forme moins grossière par l'hypothèse des *particules représentatives* ou encore des *gemmules*, des *plasma ancestraux*, des *unités héréditaires*, tous ces mots étant plus ou moins synonymes.

On suppose donc que dans un œuf existent un certain nombre de *particules représentatives*, et de la présence de chaque particule dépendent certains caractères qui apparaîtront au cours de la vie. Si nous pouvions voir les particules représentatives dans un œuf, nous saurions par là même quels seront les caractères de l'être que l'œuf donnera dans des conditions de vie déterminées. Une espèce serait ainsi définie par le nombre et la nature de ces particules. Pour exprimer, par exemple, la différence entre les deux lignées de *Sedum* (lignée *f*, lignée *n*), on dira : « La deuxième manque absolument d'une certaine particule représentative dont dépend le caractère fascié ; dans la lignée *f* tous les êtres ont cette particule, mais chez les uns, elle est à l'*état actif*, le caractère apparaît, chez les autres, elle est à l'*état dormant* et le caractère n'apparaît pas : il reste latent.

L'hypothèse est enfantine, il y a toutes chances que ces particules n'existent pas ; l'emploi de ces mots ne résout pas et n'avance même pas l'essentiel de la question qui est de savoir si l'on pourra pratiquement distinguer les plantes à caractères latents, des plantes à caractères inexistants.

On peut espérer y parvenir par des expériences de culture plus précises, et une observation plus attentive :

1° De Vries remarque que pour multiplier les fasciations dans les lignées où il est possible d'en obtenir, *le mode de culture est très important.* C'est seulement en faisant des cultures soignées, dans un sol richement fumé, qu'on voit les fascies apparaître en plus grand nombre ;

2° Les fasciations, ou autres anomalies, qui apparaissent souvent tard, au cours de la vie, ne sont sans doute pas le premier ni le seul symptôme de l'état particulier des plantes de lignées fasciées. Les médecins sont dans certains cas plus habiles que les botanistes pour découvrir, dans des lignées humaines, certaines de ces caractéristiques d'un état particulier. On sait, par exemple, que dans certaines familles les goutteux sont communs, bien que tout le monde ne le soit pas ; c'est un caractère à hérédité partielle. On pourrait dire de ces familles qu'elles ont une *unité héréditaire commune*, active ou dormante, l'unité « goutteuse »; les médecins disent qu'il y a là une *diathèse* commune, la diathèse arthritique, qui est héréditaire. Le langage n'est pas bien différent de celui des botanistes, mais au moins les médecins savent reconnaître les arthritiques à une foule d'autres caractères; les enfants arthritiques sont vifs, indisciplinés, ils ont des saignements de nez abondants, des troubles intestinaux douloureux et fréquents. Plus tard, les arthritiques sont sujets à certaines maladies : goutte, diabète, mal de Bright, mais ils sont généralement réfractaires à d'autres maladies, la tuberculose par exemple. Un médecin qui connaît un client, l'histoire de ses parents et sa propre histoire, arrive à le classer comme arthritique ou non.

Pour le moment, les caractères à hérédité partielle sont d'un usage difficile dans la classification. Voici comment le problème paraît devoir se poser : Un botaniste trouve dans la nature un *Sedum* non fascié; ce *Sedum* peut être de la lignée *f* ou de la lignée *n*. Pour savoir à quelle lignée il appartient, il n'y a qu'une seule chose à faire, le *cultiver*, en évitant les croisements. Si dans la descendance il y a des *Sedum* fasciés, le *Sedum*-origine était de la série *f*; sinon, il était de la série *n*. On appréciera d'autant mieux les résultats de la culture qu'on sera mieux renseigné sur les *conditions de culture des fasciés* et sur les *autres caractères de la série f*. C'est dans ce sens qu'il faudra chercher.

B. — Les caractères moyens.

31. Variation individuelle. — Les caractères moyens sont des caractères susceptibles de mesure qui montrent toujours dans une même lignée de plantes des degrés définissant les *variations individuelles*. Le nombre des feuilles d'une plante, sa taille, le poids de ses graines sont généralement des caractères moyens qui ne sont pas, chez tous les descendants, identiques à ce qu'ils étaient chez la plante mère.

Ces caractères moyens sont souvent utilisés dans les Flores comme éléments des diagnoses et pour cet usage ils sont souvent peu commodes pratiquement. Je prends un exemple au hasard dans la flore de Corbière, en relevant dans les diagnoses de deux plantes voisines les indications suivantes :

Vicia cracca Linné.
- fleurs longues de 1 cm. environ.
- gousse
  - longue de 20 à 23 mm.
  - large de 5 à 6 mm.

Vicia tenuifolia Roth.
- fleurs plus allongées, 11 à 15 mm.
- gousses atteignant 2 à 3 cm.
- et un peu plus larges, 6 à 8 mm.

D'après cela, on voit assez qu'une plante de la première espèce comme une plante de la seconde peuvent avoir comme traits caractéristiques communs :

- fleurs, 11 mm.
- gousse
  - 22 mm. long.
  - 6 mm. large.

On ne pourrait pas les distinguer par ces seuls caractères (il y a heureusement des caractères absolus soulignés dans la Flore).

Les plantes de la deuxième espèce ont en général les fleurs plus longues et les gousses plus grandes que celles de la première; si l'on veut définir avec précision ces caractères, c'est leur valeur *moyenne* qu'il faut apprécier et non leur valeur sur un individu isolé. Il faut se résoudre, en pareil cas, à faire un grand nombre de mesures et à les réunir sous forme de statistiques ou de courbe représentative.

32. Statistiques et polygones de fréquence. – Prenons deux exemples :

1° Le nombre de sépales de *Ranunculus repens* (d'après Pledge, cité par Vernon). Il s'agit ici d'un caractère susceptible de variation discontinue, par bonds, car une plante a quatre sépales ou en a cinq, mais elle n'en a pas quatre et demi.

Pour 1.000 pieds, on trouve :

1	pied	ayant.	3	sépales.
20	pieds	—	4	—
959	—	—	5	—
18	—	—	6	—
2	—	—	7	—

On dira : dans la *classe* à 5 sépales, la *fréquence* est 959 p. 1000 ou 95,9 p. 100; on peut ainsi dresser le tableau suivant :

Classes	3	4	5	6	7
Fréquence p. 1000 .	1	20	959	18	2
Pour 100.	0,1	2	95,9	1,8	0,2

2° Prenons un exemple plus complexe : la mesure de la *densité* ou *compacité* des épis de céréales, caractère d'une grande importance pour les agronomes qu'ils apprécient généralement au jugé.

Par définition, la densité a pour expression :

$$d = 10\,\frac{a}{l}\quad\begin{cases} a = \text{nombre des épillets.} \\ l = \text{longueur en centimètres de l'intervalle compris entre les points d'attache extrêmes.}\end{cases}$$

Elle correspond au nombre de grains que porterait un épi idéal de 10 centimètres ayant la même disposition de grains que l'épi étudié.

Ici, la densité étant susceptible de varier par degrés continus, on doit, pour distinguer les classes, faire artificiellement les coupures, en usant d'une approximation. Nous grouperons par exemple, dans la classe de densité 30, toutes les plantes dont la densité est comprise entre 29,5 et 30,5.

Voici la densité de 100 épis d'une sorte d'Orge dite « Haunchen » et créée à Svalöf :

Classes (les numéros indiquent la *densité*)	29	30	31	32	33	34	35	36	37	38
Fréquence . . .	0	3	14	30	22	13	10	7	1	0

On peut représenter graphiquement le résultat; les nombres exprimant les densités seront

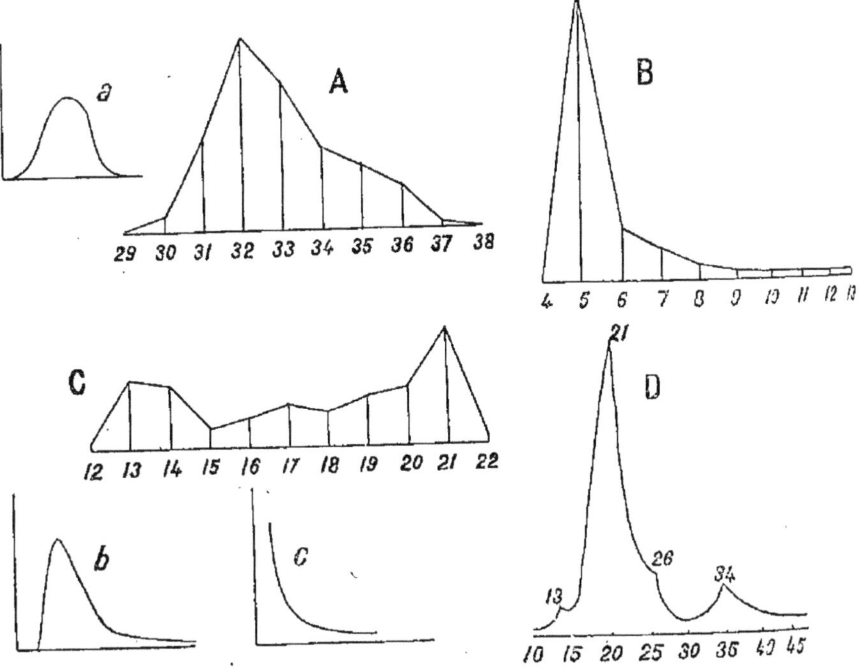

Fig. 8. — Polygones et courbes de fréquence.

A, densité des épis de l'orge « Haunchen ». — B, pétales de *Ranunculus repens*. — C, fleurons de *Chrysanthemum segetum*. — D, fleurons de *Chrysanthemum leucanthemum*. — *a*, *b*, *c*, trois types de courbes de fréquence.

portés en abscisses, les fréquences en ordonnées (fig 8, A). Avec plus ou moins de facilité, on pourra en général représenter ainsi par « statistiques » ou par « polygones de fréquence » la variabilité des caractères moyens.

S'il s'agit de couleurs variant du rouge au bleu et au violet, on pourra comparer la couleur de chaque échantillon à une couleur pure du spectre et caractériser numériquement la classe correspondante à cette couleur par sa longueur d'onde.

La plupart des caractères moyens pourront ainsi donner lieu à des mesures : poids, surfaces, etc., et par conséquent pourront prêter à des statistiques précises.

33. Courbes de fréquence. — Le polygone de fréquence, relatif à l'Orge « Haunchen », tel que nous l'avons construit, ne donne qu'une idée approchée de la variabilité individuelle de densité. On pourrait distinguer 10 fois plus de classes par des mesures plus précises, et si l'on fait porter les mesures sur un plus grand nombre d'individus on pourra obtenir 10 fois plus de points. En augmentant ainsi le nombre et la précision des mesures, on a des polygones de variation dont la forme générale reste la même, mais qui diffèrent du premier par la suppression de plus en plus parfaite des angles brusques. Il est ainsi possible de concevoir à la place de la ligne polygonale une courbe continue qu'on peut tracer aisément, même à partir du polygone figuré déjà (fig. 8). Ces courbes de fréquence sont dites souvent *courbes de Galton*, du nom d'un des savants qui en ont fait un fréquent emploi.

Quand nous parlerons de caractères moyens et de variabilité individuelle, il sera utile de se représenter toujours les individus comme groupés en classes et figurés par des points occupant l'espace circonscrit par la courbe de fréquence.

Ces principes étant admis, voyons quel usage on peut faire des courbes de fréquence.

34. Lois de la variabilité individuelle. — La première question qui se pose est de savoir s'il existe des lois de la variabilité individuelle. Cette étude est un des objets essentiels d'une science hérissée de mathématiques, la *Biométrique*, que tout un groupe de naturalistes s'est consacré à constituer. Cette science, encore obscure, témoigne d'un assez large souci de recherches précises pour qu'on doive connaître au moins ses tendances générales si l'on ne s'absorbe pas dans les détails précis de ses méthodes mathématiques.

Sur la variabilité individuelle, nous ne savons, pour le moment, rien dire de plus général que ceci : *elle n'est sans doute réglée que par le hasard*.

Voici un *Ranunculus repens* à 5 sépales; prenons une de ses graines et semons-la. Va-t-elle donner une plante à 3, 4, 5, 6 ou 7 sépales? Tous ces cas sont *possibles* et nous ne pouvons pas savoir exactement d'avance lequel se réalisera; c'est pour nous une question de hasard. Tout ce que nous pouvons dire, d'après les statistiques de Pledge qui montrent que le nombre 5 est le plus fréquent, c'est que, *probablement*, la plante aura 5 sépales.

Nous aurions un pouvoir de prévision du

même ordre si nous tirions une boule d'un sac qui en renfermait 959 blanches pour 41 de couleurs variées. Nous pourrions dire d'avance qu'il est *probable* que nous tirerons une boule blanche. Cette absence d'un pouvoir absolu de prévision ne doit pas nous décourager. La question est de savoir avec plus de précision si la comparaison entre le semis de graines ou le tirage d'une boule est exacte ou si elle n'est que grossièrement approchée. Si elle est exacte, les règles du calcul des probabilités s'appliqueront à ces phénomènes de variabilité individuelle autant qu'elles s'appliquent aux jeux de hasard. Ce serait déjà quelque chose.

Si le calcul des probabilités ne fournit pas de règles qui permettent à un joueur de prévoir ce qui arrivera à chaque coup, il en offre au moins qui permettent de connaître d'avance avec assez d'exactitude le résultat d'ensemble d'un très grand nombre de parties. Comme dit J. Bertrand, « le hasard a des caprices, mais il n'a pas d'habitudes » ; les phénomènes qui ne dépendent que de lui finissent toujours par se régulariser pourvu qu'ils se répètent assez longtemps. Si mille gouttes d'eau tombent sur mille pavés chacun n'aura pas sa goutte, mais s'il en tombe mille millions chaque pavé aura son million à bien peu près.

Les lois qu'on peut chercher pour la variabilité individuelle seront donc des lois de probabilité, à découvrir *par un grand nombre d'observations*. Il serait sans doute convenable de chercher tout d'abord ces lois par l'examen de plantes d'une lignée pure, prise dans la descendance d'un ancêtre unique et obtenue sans sélection par culture pédigrée.

On ne l'a pas fait ainsi en général et on s'est contenté de prendre des individus nombreux dans une même espèce, ce dernier mot étant d'ailleurs défini avec son imprécision linnéenne.

35. Quételet et Galton. — Les résultats qui ont d'abord été réunis par Quételet (1846), puis confirmés et étendus par Galton, ont donné à espérer qu'on pourrait atteindre dans l'étude de la variation individuelle à des lois aussi sûres que dans les cas des jeux de hasard. Ces résultats sont surtout relatifs à l'étude de la variabilité chez l'homme, mais il en faut parler puisqu'ils servent de point de départ.

Quételet relève la taille de 20.000 conscrits; il en construit la courbe : c'est une courbe symétrique, du type que nous appellerons *courbe normale*, la taille moyenne la plus fréquente étant $1^{m},75$. On a reconnu que cette courbe est d'un type connu; elle a son équation. La formule algébrique qui lui correspond exprime la *loi des erreurs*, énoncée par Gauss au commencement du XIXe siècle.

Si au lieu de mesurer la taille de 20.000 conscrits on avait réuni 20.000 mesures d'un même homme, faites avec des instruments grossiers par un observateur malhabile, les nombres obtenus se répartiraient de même que les nombres de Quételet.

Quételet et Galton ont retrouvé ces lois pour

beaucoup de caractères moyens de l'espèce humaine tels que : le *poids*, la *durée de la vie*, l'*âge moyen du mariage*. Quételet proposait même cette loi comme une loi générale de la variabilité chez les animaux et les plantes, mais sans donner de preuves. Une investigation plus étendue a montré qu'en réalité la même loi se retrouve dans des cas très divers, mais qu'elle n'est pas d'une absolue généralité.

Les études faites sur les plantes principalement par Ludwig, de Vries, Vochting ont révélé en particulier beaucoup de cas exceptionnels.

Comme exemples de courbes normales de variabilité chez les plantes, on peut donner la variabilité du nombre des nervures des feuilles de Hêtre. Le nombre de sépales de *Ranunculus repens* est également conforme à la loi, au moins grossièrement ; il en est de même du nombre des étamines, de celui des carpelles.

Le nombre des pétales ne s'y conforme pas. Voici d'après Pledge les résultats des observations faites :

Nombre de pétales .	4	5	6	7	8	9
Fréquence	8	706	145	72	38	15
Nombre de pétales .	10	11	12	13		
Fréquence	7	7	1	1		

La courbe de ces variations est dissymétrique (fig. 8, B).

— **36. Espèces pures.** — La forme générale des principales courbes observées se rapporte à trois types essentiels. Pour nous limiter à des constatations simples, notons que les courbes de fréquence, symétriques ou non, sont en général des courbes *à un seul sommet* chaque fois qu'on use pour les construire, du matériel récolté en culture pédigrée, ou même de plantes sauvages de même espèce prises dans une même localité. L'existence de ces courbes à un seul sommet paraît être une caractéristique de la race pure, caractéristique qui pourra être très exactement précisée si, comme le dit Pearson, ces courbes ont des équations mathématiques d'une même forme générale.

Une expérience de de Vries nous montrera l'intérêt pratique que présenteraient ces résultats pour séparer en leurs éléments simples des races de plantes mélangées.

Il avait semé des graines de *Chrysanthemum segetum* venues de vingt jardins botaniques différents. De Vries dénombra les fleurons sur 97 plantes, en considérant pour chacune le capitule qui terminait la tige principale. Il trouva les résultats suivants :

Nombre de fleurons.	11	12	13	14	15	16
Fréquence	0	1	14	13	4	0
Nombre de fleurons.	17	18	19	20	21	22
Fréquence.	9	7	10	12	20	1

Ils peuvent se traduire dans le polygone (fig. 8, C).

La courbe ainsi construite a distinctement deux sommets et laisse prévoir une espèce mélangée, impure. De Vries s'est proposé de le montrer. Il a fait deux séries de cultures successives pour éviter les croisements.

1re *Série*. — Pendant les trois premières années, il récolte les graines sur des capitules à 13 ou à 12 fleurons. Dès la première année, il obtient une courbe symétrique, sans trace de forme à 21 fleurons; les descendants de ces plantes de première année, cultivés deux autres années, donnent des courbes aussi régulières.

2e *Série*. — A partir de la quatrième année, de Vries essaya de cultiver la forme pure à 21 fleurons. L'isolement présenta un peu plus de difficulté. De Vries fit un premier semis de graines prises sur des capitules à 20, 21 fleurons. Parmi les 300 plantes cultivées, il n'en trouve que 6 ayant une moyenne de 21 fleurons pour *tous leurs capitules*, les autres ayant des capitules à 21 fleurons mais une moyenne variable. On sème séparément les graines des 6 plantes choisies ; on compte les capitules des tiges principales l'année suivante et l'on construit les six courbes. Cinq d'entre elles présentent encore un maximum secondaire au voisinage de la classe *13*, mais *la sixième courbe est pure, et elle le demeure à la génération suivante*. En définitive les deux formes sont isolées.

37. L'hérédité des caractères moyens. — La question de l'hérédité des caractères moyens a prêté à beaucoup de confusions ; elle s'est simplifiée depuis la critique utile des faits de variation qui a été entreprise par de Vries.

La source des confusions est dans une mauvaise méthode pour apprécier l'hérédité. Un caractère moyen ne peut être clairement distingué et défini que *par un grand nombre de mesures*. Si l'on ne peut cultiver un nombre immense de plantes, il faut au moins prendre les semences *au hasard*, sans choix. Ce sont des règles indispensables dans une question de moyennes et de probabilités.

Si l'on opère sur des races pures, en culture pédigrée, on trouve que les caractères moyens sont héréditaires. Au laboratoire de Svalöf on a isolé dans les espèces α, β, γ, δ, que j'ai distinguées plus haut pour l'Orge, des *sortes* définies par des caractères moyens. Par exemple, dans *Hordeum distichon nutans* α on distingue des *sortes Haunchen, Bohemia*, par la compacité moyenne de l'épi qui est 32 pour l'une, 35 pour l'autre; ce caractère se maintient en culture. Dans les cultures de *Chrysanthemum* de de Vries, le nombre moyen de fleurons se maintenait aux générations successives; il est vraisemblable que ces résultats doivent avoir un caractère plus général.

Malheureusement les bonnes expériences de culture sont rares; le plus souvent, dans la pratique, une sélection s'exerce sur ces caractères moyens et il en résulte que l'expérience ne signifie plus rien au point de vue de l'hérédité.

Les fluctuations individuelles sont réglées par le hasard; elles oscillent autour d'un degré moyen, qui est le plus fréquemment réalisé. Nous avons vu que le degré moyen des caractères soumis à la fluctuation se montre héréditaire dans les cultures abondantes, où les graines semées à chaque génération sont prises au hasard. La régularité apparaît dès qu'on examine un grand nombre de cas, sans choix systématique. On doit s'attendre à ce que la loi ne s'applique plus si l'on fait des cultures peu nombreuses ou si l'on choisit d'une façon systématique les porte-graines; ce n'est pas que la loi change, mais on se place dans des conditions où elle n'est plus applicable.

Dans la pratique culturale on choisit constamment comme porte-graines des individus présentant les caractères fluctuants à leurs degrés extrêmes; le cultivateur les considère comme l'*élite* des plantes de sa culture. Par exemple, on choisit les individus *les plus riches* en pétales, ou les capitules *les plus riches* en fleurons, ou encore ceux qui portent *les plus gros* fruits, ou les fruits *les plus* sucrés.

De Vries propose d'appeler « *élection* » ce choix constant de l'élite à chaque génération ; communément on l'appelle simplement « sélection », usant ainsi d'un terme très général sans indiquer sur quoi porte le choix. On pourrait dire « sélection intra-spécifique » pour indiquer que la sélection porte sur des individus d'une espèce pure ; ils ne se distinguent que par les degrés divers du développement de leurs caractères moyens.

Il est utile d'étudier ce qui se passe dans ces conditions :

1° Parce que l'intérêt pratique de ces résultats peut être considérable ;

2° Parce qu'il faut éviter les confusions théoriques trop souvent entraînées par l'interprétation inattentive des faits.

38. Amélioration des cultures par la sélection intra-spécifique. — Prenons comme exemple des expériences de de Vries sur le Maïs ; le caractère moyen étudié est le nombre des rangées de grains sur l'épi. Dans la race qui a servi aux expériences le nombre moyen originel était 13 rangs, et le nombre des rangées oscillait entre 8 et 20.

Semons exclusivement les graines des individus à *16*-rangs. La courbe de la descendance a pour moyenne 15 rangs, nombre intermédiaire entre 13 et 16, et parmi les descendants, il en est qui se rapportent au degré 22 non trouvé précédemment.

Si l'on compare au progéniteur à 16 rangs la majorité des individus composant la descendance, on pourrait dire qu'il y a *régression*, puisque le plus grand nombre des individus a moins de rangs que le progéniteur.

A un autre point de vue il y a *progression* puisque le nombre moyen de rangs est plus grand qu'à la génération précédente : les individus ayant plus de 16 rangs sont plus nombreux et des degrés extrêmes nouveaux sont apparus. Cette marche des choses est générale.

Si de Vries avait cultivé indistinctement toutes les graines provenant de ses cultures, il aurait vu apparaître dans la descendance le degré moyen du caractère qui peut servir à définir la race ; le plus grand nombre des épis aurait continué à porter 13 rangées de grains.

L'expérience nous apprend simplement ceci : *Il y a beaucoup de chances de trouver des degrés extrêmes d'un caractère dans la descendance des plantes qui ont elles-mêmes ce caractère à un degré extrême.*

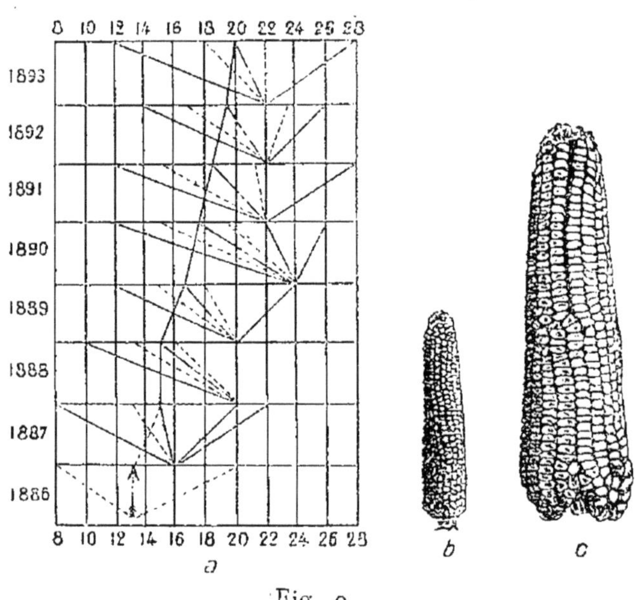

Fig. 9.

Si pendant plusieurs générations successives on sélectionne des porte-graines à rangs nombreux, on aura en définitive isolé, entre toutes les plantes possibles de la race, des plantes remarquables par le nombre exceptionnel des rangs de grains portés par les épis.

De Vries a poursuivi l'expérience pendant sept générations, les résultats sont représentés dans le diagramme ci-joint (fig. 9).

Le degré moyen du caractère, tel qu'il a été observé dans ces cultures, a sans cesse progressé. Cependant le progrès n'est pas indéfini ; il y a des limites fatales. En effet, à mesure que le nombre des rangs de grains augmente, les grains sont plus petits, ils donnent des plantes de plus en plus chétives.

Ainsi en 1891, le choix d'un porte-graines à 24 rangs n'amène pas un progrès sensible : on en a un plus accusé dans les années suivantes en prenant seulement des porte-graines à 20 rangs parce que les plantes obtenues sont plus vigoureuses.

Si maintenant on continue la culture en choisissant chaque année des porte-graines à 20 rangs, les résultats acquis se maintiendront et ces cultures paraîtront toujours en progrès notable sur la culture originelle.

La possibilité d'un semblable progrès est générale ; la sélection de l'élite, poursuivie et bien comprise, peut ainsi augmenter le degré de tout caractère soumis à la fluctuation individuelle.

Un exemple classique est celui de la betterave à sucre, dont les cultures constamment sélectionnées depuis un demi-siècle, sont passées d'une teneur moyenne de 8 p. 100 en sucre, à une teneur moyenne de 15 p. 100. Ce résultat n'est acquis qu'au prix d'une sélection rigoureuse constamment effectuée dans la grande culture. La semence est récoltée sur un porte-graines dont la teneur en sucre est élevée ; on rejette les fruits qui se trouvent aux extrémités des rameaux ; les graines sont passées dans des trieurs et des ventilateurs qui permettent de ne conserver que les plus lourdes. Les semis se font très serrés et le cultivateur enlève à la main le surplus des jeunes plantules et ne laisse se développer que les plus vigoureuses. En définitive on ne conserve guère que $\frac{1}{20}$ de la descendance d'individus déjà choisis entre des milliers d'autres.

39. La sélection culturale et la variation. — Quand on compare les cultures définitives, obtenues par cette sélection constante de l'élite, aux cultures originelles, on dit souvent qu'il y a *amélioration de l'espèce par sélection* ou encore *variation de l'espèce* dans le sens du progrès. En réalité ce sont là des expressions mauvaises, sources de confusion.

Une *espèce* ne peut être définie que par des *caractères héréditaires*, c'est-à-dire qui se transmettent à toute la descendance de chaque plante (caractères absolus) ou à la majorité des individus de la descendance (caractères moyens). Dans ces espèces prétendues *améliorées* il n'en est pas ainsi. Qu'on cesse la sélection et l'amélioration cesse, la régression commençant à se produire aussitôt vers le type de degré moyen. Il y a donc en réalité non pas amélioration de l'espèce, qui garde ses propriétés héréditaires initiales, mais *amélioration de la culture* puisqu'on ne laisse se développer, parmi toutes les plantes possibles, que des plantes exceptionnelles.

L'amélioration obtenue garde cependant toute

sa valeur pratique, mais ces *variations apparentes* qu'observe le sélectionneur n'ont rien à voir avec les variations observées dans la nature par le botaniste qui compare une espèce à une autre voisine ; les caractères de ces deux espèces se maintiendraient héréditairement fixes dans des cultures non sélectionnées.

Il faut se défendre par ailleurs d'une autre illusion : le cultivateur voyant ses cultures s'améliorer a l'impression que les degrés extrêmes sont *acquis* grâce à ses soins ; en réalité, ils sont simplement *choisis* par ses soins. On résume inexactement les faits en disant : *les caractères* ACQUIS *ne sont pas héréditaires ;* il faudrait dire : *les caractères de l'élite* CHOISIE *ne sont pas héréditaires ;* car tous les caractères des espèces ont été « acquis » au cours des temps par des procédés variés, mais le sélectionneur ne crée rien. Tant qu'il fait de la sélection intraspécifique, il choisit et conserve les extrêmes entre tous les cas possibles. Son expérience est de nul secours pour expliquer l'origine des espèces naturelles.

Il reste une seule échappatoire à ceux qui veulent trouver dans l'amélioration graduelle des cultures un cas possible d'origine des espèces, c'est de dire : après un très long temps le degré atteint peut se fixer héréditairement. Cet appel au temps dont la nature dispose rejette la question hors des limites accessibles à nos expériences, c'est-à-dire sur un terrain où toutes les suppositions deviennent possibles mais sans nul intérêt scientifique. Il resterait d'ailleurs à prouver que la nature opère régulièrement dans certains cas une sélection aussi rigoureuse que l'homme et aussi continûment dirigée dans un même sens, ce qui n'est pas assuré.

L'hérédité dans la multiplication asexuelle.

Nous n'avons jusqu'ici envisagé l'hérédité qu'à travers des générations produites par *graines*, c'est-à-dire à la suite d'un phénomène sexuel. Dans la pratique des cultures beaucoup de plantes sont propagées autrement, par boutures, marcottes, etc.

Cette multiplication asexuelle se produit naturellement aussi pour les plantes à bulbes ou tubercules bien qu'en somme, il soit assez rare qu'une espèce de plantes ne produise pas de graines, au moins de temps en temps.

En principe, l'hérédité des caractères dans la multiplication asexuelle ne diffère *en rien d'essentiel* de l'hérédité dans la reproduction par graines. Tout ce qu'on peut dire de général est simplement ceci : l'*hérédité est plus stricte en l'absence de sexualité*. J'entends par là que, non seulement les caractères héréditaires par graines le sont par voie asexuelle, mais encore que beaucoup de particularités transmissibles par multiplication asexuelle ne le sont pas par la voie des semis.

Le fait est très connu des praticiens qui préfèrent propager par voie végétative les variétés culturales, celles-ci se montrant en général plus stables. Remarquons qu'une des raisons de cette stabilité est l'absence d'hybridations ; mais ce n'est pas la seule apparemment. Beaucoup de variétés d'arbres fruitiers, et les variétés d'arbres à feuilles panachées ou colorées, qui se montrent inconstantes par graines, acquièrent une fixité beaucoup plus grande quand on les propage par bouture ou par greffe, c'est-à-dire par voie asexuelle.

Cependant la fixité n'est pas absolue et de temps en temps certains bourgeons nés sur les plantes ainsi obtenues donnent des branches s'écartant du type qu'on vise à conserver. Par exemple, sur les variétés pourpres de Noisetier ou de Hêtre, on voit apparaître accidentellement des branches vertes.

40. Les caractères moyens et la multiplication asexuelle. — En ce qui concerne les caractères moyens, la propagation asexuelle donne lieu à des fluctuations moins étendues que la propagation par graines.

Si nous examinons dans une espèce un caractère moyen, par exemple le nombre des fleurons d'une Composée, nous distinguerons deux modes de fluctuation : 1° une fluctuation *partielle*, observée sur *chaque individu*, les capitules n'ayant pas tous le même nombre de fleurons sur une plante donnée : 2° une *fluctuation individuelle* qu'on appréciera par exemple en comparant les capitules terminaux de toutes les plantes d'une même génération obtenues par semis.

Les courbes correspondant à la fluctuation partielle sont moins étendues que celles qui traduisent la fluctuation individuelle.

De là il résulte que si l'on veut sélectionner l'élite d'une race pour un caractère moyen, la reproduction sexuelle procurera le plus sûrement les plantes de degrés extrêmes, puisque la variation est très étendue.

La multiplication végétative sera par contre le moyen le plus sûr de *maintenir* ces formes extrêmes car la régression sera plus lente, la fluctuation partielle étant moins étendue.

Cependant les fluctuations partielles, pour peu étendues qu'elles soient, donnent prise à la sélection comme les fluctuations individuelles. La canne à sucre, qui ne produit pas de graines en général, est normalement multipliée par des nœuds avec leurs bourgeons. L'une des variétés les plus riches, cultivées à Java, donne ainsi une moyenne de 19 p. 100 de sucre, fluctuante entre 11 et 28 p. 100. Ces variétés sont maintenues par sélection végétative avec le même succès que dans le cas de la Betterave où la sélection est fondée sur la fluctuation individuelle.

Si la classification vise à prendre comme unités des groupes aussi larges que possible, définis par des caractères héréditaires, il y a tout avantage à se servir toujours des *caractères héréditaires par graines*, ceux-ci étant les moins nombreux; c'est ce que les botanistes font le plus souvent.

Si l'on considère comme valables les caractères *héréditaires par voie agame*, on arrive à multiplier les distinctions puisque le nombre des caractères fixes augmente. En fait, cette règle est appliquée par les horticulteurs ; on sait combien leurs distinctions sont plus nombreuses que celles des botanistes.

Mais il est des cas où les botanistes même doivent tenir compte de semblables caractères. Cela arrive pour les *Hieracium* et *Taraxacum officinale*. Dans la seule espèce linnéenne *Hieracium pilosella*, Naegeli a pu séparer plus de 2.000 formes distinctes se reproduisant purement par semis. On en distinguerait même bien d'autres, car il est reconnu que la plupart des formes de cette espèce se maintiennent ainsi purement, si infimes que soient leurs caractères distinctifs. Il a été reconnu récemment que ces espèces sont *parthénogénétiques*, sans pollen ou à pollen n'atteignant pas les ovules qui donnent des graines *sans fécondation*. Il y a donc multiplication par voie végétative, ce qui explique le maintien, plus strict qu'à l'ordinaire, de particularités infimes.

En définitive, on peut dire avec Weissmann que la *reproduction sexuelle accroît la variabilité* puisque nombre de caractères, fixes par voie agame, ne sont pas fixes dans la reproduction par graines.

Mais à un autre point de vue, qui est celui de la classification, on peut dire que la reproduction sexuelle *fixe le type moyen*, puisqu'elle ne laisse subsister comme fixes qu'un nombre relativement restreint de caractères pris comme caractères spécifiques capables de s'appliquer à des groupes plus larges.

CHAPITRE IV

ESPÈCES ET VARIÉTÉS

Depuis que les systématistes ont cherché à prendre comme unités dans la classification des groupes d'individus définis par des caractères héréditaires, on a été amené par des études de plus en plus attentives, à diminuer l'étendue et à multiplier le nombre de ces groupes élémentaires.

Les mots du langage vulgaire tels que Trèfle, Peuplier, Chêne, Saule, etc., s'appliquent généralement à des *genres*, c'est-à-dire à des groupes très larges. Avant Linné, ce sont des *genres* que Tournefort prenait comme unités systématiques.

Linné n'eut pas de peine à montrer que les genres sont des ensembles complexes, comprenant des groupes héréditairement stables et bien distincts entre eux ; de ces groupes il a fait des *espèces* en supposant que toutes les plantes d'une même espèce descendent d'un ancêtre unique ; il a considéré les genres comme des groupements artificiels et arbitraires.

Aujourd'hui, la méthode expérimentale a clairement montré que les caractères héréditairement fixes sont beaucoup plus nombreux que

Linné ne le croyait ; nous sommes amenés par une étape nouvelle à considérer les espèces linnéennes comme des groupes vastes et artificiels qu'on peut subdiviser en groupes moins étendus définis par des caractères distinctifs absolument héréditaires par semis. Nous devrions les appeler des « espèces », au sens linnéen de ce mot, mais en réalité, suivant les cas, on les appelle : *espèces élémentaires* ou *variétés stables* (soit même tout simplement, *variétés*). Voyons ce que sont ces deux sous-groupes constants isolés des espèces linnéennes et, tout d'abord, par quels caractères manifestes on peut, le plus souvent, les distinguer.

A. — Espèces élémentaires.

Les sous-groupes de plantes auxquels on a donné le nom d'*espèces élémentaires*, diffèrent entre eux par *divers caractères*, en général *nombreux*, et portant sur des particularités qui peuvent être très variables d'une espèce linnéenne à une autre.

41. Les Draba verna. — Un exemple classique est celui du *Draba verna* L., une espèce de Crucifère, formée d'une petite rosette basilaire de feuilles, au centre de laquelle se développent au printemps de nombreuses tiges florales sans feuilles.

Les plantes de cette espèce linnéenne, telles qu'on les récolte souvent dans une localité unique, diffèrent les unes des autres par une foule de caractères. Les feuilles en particulier peuvent être linéaires, étroites, ou elliptiques et même élargies au sommet; elles peuvent être plus ou moins velues, et les poils sont tantôt simples, tantôt rameux. La couleur des feuilles est d'un vert pur, ou d'un vert glauque.

Les pétales, toujours bipartits, peuvent avoir des lobes contigus ou divergents.

Les silicules peuvent être presque arrondies ou très allongées et étroites.

A première vue, on pourrait croire à des degrés divers de variation individuelle, mais ce n'est pas ainsi qu'il faut interpréter ces différences. On peut facilement récolter en excursion cinq ou six types distincts et les cultiver par graines en plates-bandes séparées. Les différences se maintiennent et il apparaît ainsi qu'*il ne s'agit pas de degrés divers de caractères moyens, mais de caractères absolus*.

Tous les botanistes qui ont fait cette expérience s'accordent à proclamer sa netteté. Dans ces plates-bandes séparées, où l'on peut cultiver des milliers de plantes de chaque espèce élémentaire, les différences sautent aux yeux bien mieux que dans la nature où toutes ces espèces sont mélangées. Ces différences portent sur presque tous les caractères. Elles sont visibles même lorsque les plantes sont encore à l'état de rosette; elles le restent jusqu'à la floraison et la fructification.

Les croisements ne sont pas à craindre dans ces cultures contiguës car les étamines fécondent l'ovaire dans le bouton encore clos et d'ailleurs les insectes visitent peu ces fleurs.

Jordan a pu distinguer, par la culture, 200 espèces élémentaires, dont une cinquantaine croissent aux environs de Lyon. Thuret et Bornet, Villars, de Vries, ont vérifié de nouveau *la constance parfaite de diverses de ces espèces élémentaires.*

De Vries insiste sur ce fait que lorsque ces espèces sont cultivées côte à côte, l'examen ne donne nulle impression que telle dérive de telle autre; on pourrait avoir une impression de ce genre si certaines de ces espèces n'avaient que quelques caractères différentiels peu nombreux, mais elles diffèrent par un grand nombre de caractères. Aussi apparaissent-elles comme des groupes de même valeur et de même plan.

La subdivision des espèces linnéennes en espèces élémentaires comparables à celles-ci est possible très fréquemment; seulement les espèces linnéennes faites au jugé sont plus ou moins riches en espèces élémentaires que des expériences de culture peuvent distinguer.

42. Viola tricolor. — Les Pensées sauvages qui appartiennent toutes au genre *Viola* et à l'espèce *Viola tricolor* de Linné, en donnent un autre excellent exemple. On trouve communément deux sous-espèces bien distinctes : *Viola tricolor* type, à grande corolle, dans les lieux sableux et les friches, et *Viola arvensis*, à corolle aussi courte que le calice, et à peine visible, localisée dans les moissons. Ces deux espèces ne sont pas mêlées, bien que très répandues. Dans diverses localités, on peut trouver d'autres types moins répandus mais parfaitement stables et distincts dont plusieurs sont cités dans la flore de Corbière.

Chez les *Draba verna*, la distinction des espèces élémentaires porte surtout sur des caractères tirés de la forme des feuilles, de l'abondance des poils sur les feuilles, de la forme des fruits, etc.

Ici, chez les *Viola tricolor*, c'est surtout *par la taille des plantes*, la *grandeur* et la *couleur des corolles* que la distinction se fait, ou encore par le *mode de ramification des tiges*. Ainsi les caractères distinctifs des petites espèces sont toujours assez nombreux, et ils ne sont pas de même nature dans tous les cas.

La détermination des Ronces, des Roses sauvages, des Carex donne d'autres exemples de cas où les espèces élémentaires sont nombreuses.

Chez les plantes cultivées, la question se complique par le fait qu'on a généralement des cultures améliorées, c'est-à-dire des exemplaires différant entre eux soit par des caractères absolus, soit par l'exagération de caractères moyens. Par exemple : la Betterave fourragère, la Betterave rouge à salade, la Betterave à sucre, sont des types bien tranchés, cultivés depuis trois siècles, sans transition entre eux, sans passage possible de l'un à l'autre par la culture.

J'ai déjà donné pour *Hordeum distichon* l'exemple de huit espèces élémentaires qui se distinguent les unes des autres par des caractères absolus.

Van Mons, un arboriculteur belge, qui a mis dans le commerce beaucoup de sortes de Pommiers, les a obtenus en choisissant d'abord dans la nature des arbres sauvages qui donnaient des fruits de saveur, de couleur différentes, à caractères bien tranchés. L'effet de la sélection ultérieure a été seulement de rendre les fruits *plus gros* et *plus charnus* et non de créer les particularités distinctives qui existent déjà chez les plantes mères sauvages ; celles-ci réalisaient donc des types d'espèces élémentaires.

B. — **Les variétés.**

Les botanistes emploient le mot « variété » dans des sens très divers et avec une regrettable imprécision ; on applique indistinctement ce terme à toutes les subdivisions de l'espèce linnéenne. On confond alors sous ce terme unique : *les espèces élémentaires*, les *variétés stables ou instables* que nous allons définir sans compter les *hybrides*.

Le sens horticole du mot *variété* peut plus aisément être précisé.

Pour l'horticulteur, une *variété* diffère d'une espèce :

1° Par la *nature* des caractères distinctifs que j'appellerai par la suite *caractères variétaux*.

2° Par son *instabilité*. Il est de dire courant chez les horticulteurs que les variétés sont moins stables que les espèces.

Examinons ces deux points.

43. **Les caractères variétaux.** — Chaque espèce élémentaire est définie par un *grand nombre de caractères* qui peuvent être de *natures très diverses ;* on ne peut en donner aucun type général.

Au contraire, beaucoup de variétés horticoles sont définies par *un seul* caractère. De plus, ces caractères variétaux appartiennent *à un petit nombre de types* qu'on voit se répéter constamment dans les variétés des plantes les plus différentes les unes des autres.

La distinction des variétés se fait souvent par la *couleur*, et souvent même uniquement par la couleur d'*une seule des parties de la plante*, la corolle ou le fruit par exemple. Tous les jardins donnent des exemples nombreux de ces variétés distinctes ainsi par la couleur seule, et il est bien connu que les mêmes variations de couleur se retrouvent dans des familles de plantes très diverses.

L'*absence d'un pigment* est ainsi un caractère variétal. Il faut remarquer à ce sujet que la couleur des plantes peut être un caractère simple ou complexe. Suivant leur localisation dans la cellule, on distingue plusieurs sortes de pigments. Le plus souvent, les pigments *violets*, *bleus* ou *pourpres* (appartenant au groupe de l'anthocyane) sont dissous dans le suc cellulaire. Ces pigments existent seuls dans un grand nombre de fleurs violettes, bleues ou rouges, par exemple dans les Violettes ; leur disparition donne les variétés blanches. Les pigments *jaunes* ou *orangés* sont le plus souvent localisés dans des leucites, comme la chlorophylle (Renoncules, Primevères, Seneçon).

Les deux sortes de pigments peuvent coexister; alors, la disparition de l'un donne une variété ayant la couleur pure de l'autre pigment. Les Hêtres pourpres ont des leucites verts et des vacuoles à pigment rouge; la disparition du pigment rouge donne des feuilles vert franc. De même beaucoup de fleurs à coloration complexe ont des variétés jaune pur.

La pigmentation peut affecter diverses parties de la plante; les Groseilliers (*Ribes grossularia*) à fruits blancs ou rouges donnent un exemple de variété par couleur du fruit.

Le *Datura Stramonium*, à fleurs blanches et feuilles vertes, a une variété à fleurs violacées et à feuilles veinées de violet; on en a fait le *Datura Tatula*. Il est assez fréquent que les variétés à fleurs blanches aient aussi des feuilles vert franc; pour les variétés colorées, le pigment se surajoute à la chlorophylle des feuilles.

Un exemple de variété par dépigmentation partielle est donné par les plantes à *feuilles panachées* qui s'observent dans une foule d'espèces : Erables, Fusains, etc.

Le remplacement de l'amidon par d'autres matières de réserves contenues dans la graine donne un autre caractère variétal qui se retrouve chez diverses plantes, par exemple chez les Maïs et les Pois. On a ainsi le Maïs *à grains sucrés et ridés* contrastant avec le Maïs *à grains amylacés et unis*.

La *laciniation* des feuilles est aussi un caractère qui se répète, et notamment chez beaucoup de Fougères, chez les Aulnes, les Hêtres, les Tilleuls.

La *duplication* des fleurs, la *disparition des épines ou des poils* donnent de nouvelles variétés.

Deux variétés de Primevères ne diffèrent entre elles que par la longueur du style comparée à la longueur des étamines; cette *hétérostylie* se retrouve chez d'autres plantes. Ce cas donne l'exemple d'un caractère variétal de nature *sexuelle* et il est vraisemblable que le *sexe* en général est un caractère variétal.

En résumé, ce qui met à part les caractères variétaux, c'est *leur petit nombre relatif* et leur *réapparition dans les espèces les plus diverses*. Les variétés sont le plus souvent définies par *un seul* de ces caractères.

La terminologie même qui a été employée instinctivement marque bien les différences entre les espèces et les variétés.

Les espèces linnéennes, comme les espèces élémentaires, ont des noms très variés, choisis au hasard, ne se rapportant pas à un caractère plus qu'à un autre; souvent elles ont des noms de botanistes.

Le vocabulaire qui sert à désigner les variétés est au contraire très restreint. Des mots comme *albus*, *maculatus*, *variegatus*, *glaber*, *inermis*, *laciniatus*, etc., s'y retrouvent constamment.

Cette définition des caractères variétaux n'est pas parfaitement précise, mais elle correspond bien manifestement à une réalité que l'observation révèle avec force.

De Vries propose de traduire ces faits par une hypothèse empruntée au système que j'ai déjà exposé. Pour lui deux espèces élémentaires ont des *unités héréditaires* différentes. Une variété a au contraire les mêmes *unités* que l'espèce type, mais l'une passe à l'état latent. Ainsi, les variétés dépigmentées auraient le caractère pigment, mais à l'état latent. Ces variétés marqueraient donc un recul par rapport aux espèces types, par suite de la disparition d'un caractère, disparition au moins apparente.

De Vries appelle toutes ces variétés des *variétés rétrogrades*. L'hypothèse est vague et gratuite.

Nous verrons, en étudiant les lois des croisements, que les caractères variétaux sont sans doute susceptibles d'une définition plus précise, grâce à l'appoint de nouvelles données expérimentales.

44. Le degré de stabilité des variétés. — La pupart des variétés qu'on propage par semis se montrent instables par cette voie. L'horticulteur qui cultive les variétés blanches et bleues d'une espèce est habitué à voir souvent les graines récoltées sur des fleurs bleues donner des descendants à fleurs blanches et inversement les graines de fleurs blanches donner des descendants bleus, les caractères *blanc* ou *bleu* restant généralement absolus. Les variétés paraissent donc présenter d'une façon régulière dans leur descendance de ces variations brusques qu'on appelle souvent *sports* et qui peuvent fréquemment être considérées comme un retour par *atavisme* à un caractère ancestral.

En réalité, ces mots : *sport* et *atavisme* sont appliqués sans choix à deux faits bien distincts :

1° Un grand nombre de cas de variation sportive sont dus tout simplement à ce qu'on ne prend pratiquement *aucune précaution contre les croisements*. Presque régulièrement, les horticulteurs cultivent leurs diverses variétés côte à côte ou en mélange, et les croisements par l'intermédiaire des insectes sont nombreux. Nous verrons que les lois des croisements expliquent d'une manière tout à fait claire cette perpétuelle variabilité apparente.

Pour le moment, il suffit de constater que dans un grand nombre de cas on peut isoler des variétés qui se reproduisent purement par semis, pourvu qu'on évite tous les croisements.

De Vries a isolé et cultivé le *Matricaria Chamomilla discoidea* dont le capitule n'est pas radié ; il se reproduit fidèlement par graines.

La variété sans fleurons du *Senecio Jacobea* est également stable. De Vries a aussi cultivé, en les isolant, les variétés blanches des plantes suivantes et d'autres qui se sont toutes reproduites fidèlement par semis :

Linum usitatissimum, *Phlox Drummondii*, *Polemonium dissectum*, *Salvia sylvestris*, *Erodium cicutarium*, etc.

Il existe donc des variétés stables ne présentant pas normalement de *sport* ou d'*atavisme* dans les cultures isolées ; pour neuf sur dix des variétés communes on ignore s'il y a *stabilité* ou non parce qu'il n'a pas été fait à leur sujet d'expérience réelle de culture isolée.

Je distingue donc la catégorie des variétés stables en supposant qu'elle renferme un grand nombre de variétés de plantes cultivées mais sans pouvoir fixer la valeur approximative de ce nombre.

Il s'agit de la stabilité dans la reproduction par graines ; la stabilité dans la multiplication asexuelle est encore beaucoup plus grande, mais j'accepte la règle de ne lui accorder que peu d'importance pour apprécier la valeur des caractères distinctifs d'après leur hérédité.

Variétés sportives. — 2° A côté de ces variétés qui ne paraissent instables que par croisements, il existe des *variétés sportives* dont l'instabilité a, semble-t-il, de tout autres causes.

On peut considérer comme telles les variétés fasciées ou tordues, par exemple les *Dipsacus sylvestris* var. *torsus* de de Vries ; j'en ai déjà parlé.

Il semble qu'on trouve assez souvent le caractère de variétés sportives aux variétés à fleurs striées. De Vries cite le Muflier à grandes fleurs jaunes striées de rouge : *Antirrhinum majus luteum rubro-striatum*. Les stries peuvent être plus ou moins marquées ; un examen attentif en révèle l'existence. Cette variété qui est normalement plus ou moins striée donne périodiquement des fleurs entièrement rouges. Par semis, il peut apparaître des pieds ayant toutes leurs fleurs rouges ; il arrive aussi que sur une plante ayant des fleurs striées, une des branches de l'inflorescence porte des fleurs entièrement rouges. La variation sportive n'affecte alors qu'un bourgeon.

De Vries a fécondé des fleurs rouges par leur propre pollen ou des fleurs striées par leur propre pollen également. Il a poursuivi la tentative d'isolement pendant quatre générations successives sans arriver à trouver un type rouge pur ou un type strié pur.

Individus striés donnent	1re année	2e année		3e année	4e année
	90 °/o striés .	98 °/o striés .	branches striées.	98 °/o striés,	
			branches rouges.	71 °/o rouges.	84 °/o rouges.
	10 °/o rouges.	76 °/o rouges.		29 °/o striés .	95 °/o striés.

Ici comme dans le cas de sélection sur un caractère moyen, on a *plus de chances* d'avoir des individus d'un type donné, dans la descendance de ce type, mais *seulement plus de chances* et la sélection n'aboutit qu'à augmenter la proportion du type choisi sans faire disparaître l'autre.

Dans ses expériences, dont le tableau ne donne que des pourcentages bruts, De Vries a cultivé séparément les graines de chacune des capsules obtenues et jamais la descendance d'une même fleur ne s'est montrée pure. Ces tentatives d'isolement qui réussissent quand il s'agit de sports par croisement et qui amènent aux types purs ne réussissent pas ici. On en est amené à la conception d'une variété qui est définie non par un caractère unique et stable mais par deux caractères entre lesquels il y a oscillation perpétuelle. La régularité même de cette oscillation définit les *variétés sportives* (ever sporting varieties).

Les Trèfles à 5 feuilles sont des variétés du même genre. De Vries a cultivé une race de Trèfle rouge, à partir de pieds à 5 feuilles, trouvés dans un champ. Malgré une sélection continue, il n'arrive à produire à chaque génération qu'un certain nombre de pieds à folioles surnuméraires entremêlés de pieds normaux. La sélection peut être faite dès la germination sur des plantules à cotylédons divisés qui sont ensuite les plus riches en feuilles à 4, 5, ou 6 folioles.

J'admets donc cette catégorie des variétés sportives considérées comme réellement instables et présentant alternativement l'un ou l'autre de deux caractères absolus.

Critique des faits. — Remarquons cependant que cette catégorie est définie *avec une assez grande incertitude* et qu'il n'est pas facile de *limiter les cas qu'elle doit comprendre*. Les propriétés héréditaires de ces variétés sont définies par des procédés qui s'écartent de la rigueur nécessaire.

On ne cultive jamais ces variétés qu'avec sélection constante et soins de culture particuliers, avec le but déclaré de faire apparaître l'un ou l'autre des deux caractères extrêmes qui alternent. Le but poursuivi par de Vries était simplement de montrer que le *caractère variétal réapparaît périodiquement* malgré la persistance d'atavistes.

S'il paraît y avoir alternance régulière de deux caractères absolus et opposés, c'est qu'on ne garde *systématiquement* que des *extrêmes* dans les cultures sélectionnées. Si l'on s'appliquait au contraire à découvrir et à définir des cas intermédiaires, les faits ne se présenteraient peut-être plus de la même manière.

Par exemple : entre les fleurs de Gueule-de-loup les plus nettement striées de rouge et les fleurs parfaitement rouges, il y a des intermédiaires avec des degrés de striation divers ; mais on les compte tous comme des fleurs striées.

De même, les Trèfles sont *plus ou moins* riches en feuilles anormales et leurs feuilles *plus ou moins* riches en folioles surnuméraires.

Si l'on s'appliquait, par des procédés appropriés, à *caractériser par des nombres* ces divers degrés qu'on range en deux catégories opposées, il apparaîtrait que les deux caractères dits *absolus* et *alternants* sont en réalité les degrés extrêmes d'un même caractère moyen[1]. Il s'agirait alors simplement de races dont on étudie un caractère moyen très variable, présen-

1. La définition des degrés d'anomalie des Trèfles à 5 feuilles est certainement possible.

Dans le cas de fleurs jaunes striées de rouge, on pourrait prendre pour caractère le rapport de la surface jaune à la surface totale qui varierait de *1* pour le jaune franc, à *o* pour le rouge franc, avec degrés intermédiaires. Cette appréciation est difficile ; on préfère répartir en deux catégories.

tant fréquemment ses degrés extrêmes, surtout dans des cultures sélectionnées.

En se plaçant à ce point de vue, on pourrait faire à propos des expériences sur les Mufliers, et sur les Trèfles à 5 feuilles, les observations suivantes :

1° On utilise un *caractère spécifique moyen* dont on ne sait pas facilement définir les degrés ;

2° Ce caractère est très variable, donc *très médiocre au point de vue systématique ;*

3° On définit l'hérédité par l'examen *des extrêmes* et non de *la moyenne ;*

4° On sélectionne.

Ainsi on s'écarte de toutes les règles usitées en d'autres cas ; on s'inspire, il est vrai, d'une distinction qui se fait en horticulture et qui paraît à première vue assez nette. Au point de vue scientifique, cette catégorie doit être considérée comme provisoire, en attendant de meilleurs modes de définition.

De Vries fait rentrer dans le groupe des variétés sportives toutes les plantes *dimorphes*, comme le *Polygonum amphibium*, qui peuvent, suivant les conditions de milieu, prendre l'une ou l'autre de deux formes très différentes sans d'ailleurs acquérir de propriétés héréditaires nouvelles, puisque retransportées dans l'autre milieu, elles reprennent les caractères qui y correspondent [1].

1. Expériences de Massart sur le *Polygonum amphibium*, de G. Bonnier sur les plantes alpines, etc.

C. — **Les sortes.**

Les espèces élémentaires et les variétés, distinguées par des caractères absolus, peuvent être elles-mêmes subdivisées en sous-groupes définis par le degré de fréquence de caractères moyens. Ces sous-groupes sont assez souvent appelés des *races* mais le mot race est pris aussi dans des acceptions plus générales, et on pourra appliquer en pareil cas le mot de *sorte* qui a l'avantage de pouvoir être mieux défini.

J'ai donné un exemple de la séparation de sortes pures dans une espèce élémentaire par les expériences de De Vries sur *Chrysanthemum segetum*. J'ai dit aussi que les petites espèces d'Orges pouvaient être divisées en sortes stables d'après le degré moyen de caractères héréditaires comme la compacité des épis.

De semblables distinctions peuvent être faites dans un grand nombre de cas et nos espèces naturelles sont souvent un *mélange de sortes diverses*, ce qui se reconnaît à l'existence de courbes de variations à sommets multiples.

Quelques expériences de Ludwig apportent des indications précieuses à ce sujet.

Ludwig a compté les fleurons dans 17.000 spécimens de *Chrysanthemum leucanthemum* (Grande Marguerite), spécimens provenant de localités diverses. La courbe obtenue (fig. 8, D) a des sommets bien marqués à *13*, *21*, *34*, et un autre moins marqué à 26 [1].

1. Il est à remarquer que les nombres des sommets ne sont pas

	3	4	5	6	7	8	9	10	11	12	13
1er groupe. .			1	11	18	**45**	28	20	5	4	1
2e groupe. .				1	5	8	13	**25**	12	5	2
3e groupe. .				5	7	**9**	8	**12**	8	1	1
4e groupe. .	7	60	**213**	152	46	18	3				
Totaux . . .	7	60	**214**	169	76	**80**	52	**57**	25	10	4

D'autres déterminations de Ludwig montrent que si, au lieu de recueillir le matériel n'importe où, on le récolte dans une localité donnée, les courbes sont moins complexes. Par exemple, des comptes séparés faits pour quatre groupes de *Torilis anthriscus* venant de quatre localités différentes donnent, pour le nombre des rayons de l'ombelle les résultats inscrits dans le tableau ci-contre (p. 100).

Il y a donc dans ce cas des *races* ou *sortes locales* plus ou moins exactement séparées dans la nature.

quelconques; ils appartiennent à la série : 1, 2, 3, 5, 8, 13, 21, 34, obtenue en ajoutant chaque nombre au précédent. Pour des raisons qu'on ignore, ces nombres se répètent plus fréquemment que d'autres dans une foule de cas analogues. Les deux races de *Chrysanthemum segetum* de De Vries étaient à 13 et 18 fleurons.

CHAPITRE V

CROISEMENT ET VARIATION

A. — Croisement d'espèces.

Les croisements sont fréquents dans la pratique horticole ; malheureusement ils sont faits en général sans méthode scientifique précise, les praticiens croisant normalement des plantes qui diffèrent à la fois par des caractères spécifiques et des caractères variétaux nombreux. Les expériences récentes de De Vries, Correns ou autres permettent d'établir deux catégories de résultats, relatifs les uns aux *croisements d'espèces*, les autres aux *croisements de variétés*.

Si l'on croise deux espèces élémentaires :

1° Le croisement entraîne, sinon la stérilité, du moins une *diminution marquée de la fécondité ;*

2° Les *hybrides sont stables* mais les caractères qui se maintiennent fixes dans la descendance ne sont pas toujours ceux des parents.

Examinons chacun de ces points séparément :

45. Diminution de fertilité. — Chez les animaux comme chez les plantes, il est bien connu que les croisements entre espèces diminuent la fertilité. Souvent on a essayé de distinguer par ce caractère les espèces des variétés, mais un criterium absolu de cette nature est tout à fait impossible à donner. Chez les plantes, mieux encore que chez les animaux, il y a tous les intermédiaires possibles entre la stérilité absolue et la fécondité parfaite dans les croisements d'espèces, ce dernier cas restant rare toutefois.

a) Il se peut que le croisement même soit *absolument impossible* et qu'on n'obtienne pas de graines après la fécondation d'un pistil par le pollen d'une autre espèce. Par exemple, les croisements entre pommiers et poiriers n'ont pas pu être réalisés. Ce cas se rencontre avec d'autant plus de fréquence qu'on cherche à croiser des espèces plus différentes.

On peut donner comme règle offrant assez peu d'exceptions que le croisement d'espèces appartenant à des genres différents est normalement impossible ; mais cette règle vaut ce que la notion de « genre » vaut elle-même, et elle est arbitraire.

Dans la famille des Orchidées, par exemple, les hybrides bi-génériques ne sont pas rares. Les espèces des genres *Cattleya*, *Lælia*, *Brassavola* ont pu être croisées à de nombreuses reprises et donner une descendance. Hurst[1] cite 150 croisements bi-génériques obtenus chez les Orchidées.

On pourrait peut-être en conclure que les genres

1. J. Roy, *Hortic-Society*. XXIV, p. 90, 1900.

ont été multipliés d'une manière excessive chez les Orchidées ; mais si l'on voulait appliquer la règle, il faudrait dans certaines familles augmenter le nombre des genres pour le diminuer ailleurs. Il n'est pas rare que deux espèces d'un même genre refusent de se croiser.

b) Un second cas est celui où le croisement produit des *graines fertiles*, mais qui donnent des *plantes absolument stériles ;* citons parmi ces hybrides inféconds :

Cytisus Adami, hybride entre	*Cytisus laburnum*, à feuilles larges et grappes bien fournies de grandes fleurs jaunes. et *Cytisus purpureus*, à feuilles petites et petites fleurs solitaires.
Berberis Neuberti, hybride entre	*Berberis vulgaris* et *Mahonia aquifolia*.

Quelquefois les hybrides sont stériles quand on les autoféconde ou quand on les croise entre eux, mais ils sont fertiles si on les recroise avec un de leurs parents ; cette dernière pratique est courante. Ainsi, quand on croise *Ægilops ovata* avec *Triticum sativum*, on obtient un hybride sans pollen, donc absolument stérile, mais s'il est croisé avec *Triticum sativum*, il produit un autre hybride connu sous le nom de *Ægilops speltæformis*, indéfiniment fécond.

c) Enfin il peut arriver que les hybrides soient eux-mêmes plus ou moins fertiles, souvent assez pour qu'on puisse cultiver expérimentalement leur descendance pendant plusieurs générations, et quelquefois ces formes hybrides se maintiennent dans la nature ou la grande culture. L'expérience des horticulteurs montre que le cas n'est pas rare ; on peut en citer des exemples nombreux parmi les Ronces, Anémones, Tabacs, Narcisses, etc.

46. **Caractères des hybrides.** — Pour autant que les documents précis permettent une affirmation, on peut penser que les règles suivantes ont un caractère général :

α) Les *hybrides obtenus par un même croisement ont des caractères uniformes.*

Cette règle est contestée par bien des praticiens qui voient dans l'hybridation un moyen d'accroître la variabilité. Mais il faut retenir que les praticiens font à l'ordinaire des choses fort compliquées ; ils prennent souvent, pour les croiser, des plantes dont on n'est pas assuré qu'elles sont de race pure et qui peuvent être elles-mêmes des hybrides en voie de disjonction par rapport à leurs caractères variétaux. Souvent même et systématiquement les praticiens croisent et recroisent leurs plantes pendant la durée de générations successives, en accumulant les différences variétales et spécifiques. Rien d'étrange à ce qu'ils ne trouvent pas de lois simples.

β) Quand les hybrides sont féconds, *leurs caractères se maintiennent fixes dans leur descendance* si l'on évite tout nouveau croisement.

Les systématistes ont de tout temps admis et

admettent encore que certaines espèces parfaitement stables sont d'origine hybride ; on trouve de nombreuses indications à ce sujet dans les flores. Malheureusement, ces indications manquent, pour la plupart, de contrôle expérimental; aussi elles ne méritent pas une confiance illimitée.

Dans la flore de Corbière, six espèces du seul genre *Orchis* sont considérées comme des hybrides ; assurément on n'a pas fait les croisements, ni fait germer les graines des plantes parentes.

Par contre le *Medicago media* porte l'indication : *Espèce de second ordre, mais non hybride*. Or il s'agit justement d'un cas où l'origine hybride est certaine. Cette espèce, stable dès le début, a été obtenue par croisement de *Medicago sativa* avec *M. falcata*.

L'expérience seule peut donner des renseignements certains. Elle n'a pas été souvent faite dans de bonnes conditions, car il faut expérimenter sur de *petites espèces stables et voisines* n'ayant pas de *différences d'ordre variétal*. De Vries a fait de telles expériences sur les petites espèces d'*Œnothera*. Le croisement de *Œnothera muricata* × *Œnothera biennis* a donné une espèce stable dès les premières générations et ne changeant pas de caractères dans les suivantes.

Il en est encore ainsi dans le cas de *Medicago media*, dans celui de *Ægilops speltæformis*.

La croyance des systématistes a donc un fondement, mais il reste encore à vérifier expérimentalement l'origine hybride des plantes inscrites comme telles dans les flores ; la vérification n'a presque jamais été faite.

On connaît des cas de retour d'hybrides aux formes parentes ; ils sont exceptionnels et pour le moment inexpliqués. L'un des plus intéressants est celui du *Cytisus Adami*, stérile comme nous avons vu, mais sur lequel naissent de temps à autre des rameaux ayant les caractères soit de *Cytisus laburnum*, soit de *Cytisus purpureus*. Ces rameaux ont des fleurs fécondes dont les graines reproduisent fidèlement les types. Il y a donc ici disjonction par voie végétative, ce qui est en somme plus étonnant encore qu'une disjonction par voie de semis.

γ) En ce qui concerne *les rapports des caractères d'un hybride* avec ceux des formes parentes, il est impossible d'énoncer brièvement une règle générale.

En principe, il est souvent évident qu'un hybride est *plus ou moins intermédiaire* entre les espèces parentes ; mais le mot « intermédiaire » est à préciser.

Si l'on examine les caractères, un à un, plusieurs cas sont possibles :

On peut retrouver chez l'hybride certains caractères paternels et certains caractères maternels, sans altération. Il se peut aussi qu'un caractère donné de l'hybride soit exactement intermédiaire entre deux caractères correspondants des parents. Mac Farlane en a donné des exemples : ainsi les poils peuvent être, dans l'une des espèces, *sphériques*, dans l'autre espèce *allongés*, dans l'espèce hybride *en massue*.

Si, au lieu d'examiner chaque caractère séparément, on se borne à noter une impression d'ensemble, la conclusion la plus fréquente est que l'hybride ressemble à l'un de ses parents plus qu'à l'autre. Mais à cet égard nous n'avons pour le moment aucun moyen de faire des prévisions sûres. Dans la pratique horticole, les hybridations passent pour avoir des résultats capricieux; le but visé est rarement atteint, mais il peut l'être parfois, ce qui engage à essayer.

De même, au point de vue systématique, dire *a priori* qu'une plante est un hybride parce qu'elle est *intermédiaire* entre deux autres, c'est affirmer hardiment un fait incertain, ce qui n'est pas toujours pour faire reculer certains esprits dogmatiques.

Donnons comme exemple :

1° *Œnothera muricata* × *Œnothera biennis*, croisement effectué par De Vries qui a pu cultiver quatre générations successives malgré la faible fertilité des hybrides. En tout, il a eu 500 plantes dont 150 ont fleuri ; la constance des caractères des hybrides est ici parfaite et ils se rapprochent de la plante qui a fourni l'élément mâle plus que de la plante fécondée qui est *Œnothera muricata ;*

2° *Medicago falcata* × *Medicago sativa* donne l'espèce hybride *Medicago media*, intermédiaire entre les parents, comme le montre le tableau suivant :

	Fleurs.	Gousses.
Medicago falcata.	Jaunes.	En faucille.
Medicago sativa.	Violacées ou bleuâtres.	Décrivent 2 à 3 tours de spire.
Medicago media.	Versicolores, d'abord jaunes, puis verdâtres, enfin violacées.	Courbées en anneau faisant un tour complet à maturité.

Croisements réciproques. — En général, lorsqu'on croise deux espèces élémentaires, les hybrides ne sont pas identiques suivant la manière dont se fait le croisement; la ressemblance est souvent plus accentuée avec la plante qui produit le pollen qu'avec celle qui porte les ovules. C'est ce qui arrive pour *Œ. biennis* × *Œ. muricata* bien distinct de l'hybride dont nous venons de parler plus haut.

Les croisements de deux espèces, suivis de croisements répétés des hybrides avec les plantes parentes, peuvent ainsi donner autant de formes différentes entre elles et différentes des parents; c'est ainsi que se fait le plus souvent en horticulture la création de « nouveautés ».

Kœlreuter donnait la règle suivante : *Pour obtenir des nouveautés par hybridation, il faut répéter* et *multiplier les croisements.*

Un horticulteur patient peut ainsi arriver à obtenir le résultat qu'il espère, si toutefois il ne se trouve pas arrêté chemin faisant par quelque cas de stérilité absolue.

Dans les expériences de Kœlreuter, *Mirabilis jalapa* a toujours pu facilement être fécondé par le pollen de *Mirabilis longiflora.* Le croisement réciproque essayé 200 fois au cours de huit années n'a jamais pu réussir.

B. — Croisements de variétés. Le Mendélisme.

A l'époque où le grand mouvement libérateur du transformisme provoquait dans le monde toute une agitation de controverses ardentes, un moine autrichien sans notoriété, Gregor Johann Mendel, travaillant dans l'isolement d'un cloître, à l'écart des passions soulevées par cet immense débat, découvrait les lois de l'atavisme[1]. Cette découverte, communiquée à l'obscure société des naturalistes de Brünn, resta inappréciée des savants comme Nægeli qui la connurent, ou ignorée de ceux comme Darwin qui auraient pu sans doute en mesurer la portée. Pour que l'œuvre de Mendel soit exhumée de l'oubli, il a fallu toute une orientation nouvelle des esprits, quand la doctrine transformiste, cessant d'être un aliment de polémiques verbales, est devenue le point de départ de recherches expérimentales précises sur l'hérédité et la variation.

Un congrès[2] s'est tenu à Londres en 1906, qui

1. On entend communément par *atavisme* la réapparition chez un être d'un caractère ancestral que ne montraient pas ses parents directs. Ainsi défini, ce mot s'applique à un ensemble très large de faits disparates, parmi lesquels il faudra nécessairement, un jour ou l'autre, distinguer des catégories. Mendel n'a étudié que les faits d'atavisme survenant à la suite du croisement de deux individus de races différentes ; mais c'est là sans doute la forme d'atavisme la plus commune. Les prétendues réapparitions de caractères ancestraux dans une race pure sont, en réalité, souvent dues à un croisement.

2. Le compte rendu de ce Congrès a été édité par la « Royal

a été comme la glorification tardive de Mendel; à l'enthousiasme avec lequel les disciples fervents de son œuvre en ont montré l'extension récente et l'étendue possible, on a compris que « le Mendélisme » n'était plus seulement une doctrine de laboratoire, mais une manière de voir nouvelle, capable d'atteindre l'ampleur du Darwinisme même et dépassant sa précision.

47. **Loi de Mendel.** — Il existe des volailles, dites Andalouses, au plumage bleu ardoisé, dont on n'a pas réussi à fixer la race : des poussins noirs et d'autres blancs éclaboussés de noir naissent toujours dans leurs couvées en même temps que des poussins bleus. On isole en vain pour la reproduction des coqs et des poules au plumage ardoisé, afin d'augmenter à chaque génération la dose de « sang bleu », le même résultat se répète sans cesse. Au contraire, les races noire et blanche se montrent stables dès qu'on les isole, sans qu'on ait rien fait pour les purifier; et le comble de l'imprévu est que leur croisement ne donne que des poussins bleus !

Racontés ainsi sans méthode, dans le langage qu'emploierait un éleveur, ces faits tiennent du paradoxe. Exposés dans l'ordre rationnel adopté par Mendel, ils prennent une portée générale :

Quand on croise deux races stables — comme sont ici les races blanche et noire — *on obtient à la première génération des métis*

Horticultural Society » sous le titre : *Report of the third international conference on genetics*.

d'apparence uniforme : des poussins bleus sans exception. *A la seconde génération, il y a* disjonction *de la descendance et les caractères ancestraux réapparaissent par atavisme :* les volailles bleues donnent des poussins blancs ou noirs, en même temps que des bleus. La loi de Mendel affirme *qu'il apparaît dans cette disjonction des proportions définies des divers types :* on trouve environ, à la seconde génération, un quart de blancs, un quart de noirs et une moitié de bleus ; c'est-à-dire, sous une forme générale, *un quart de chacun des types fixes* et *une moitié du type métis instable.*

A chacune des générations qui suivent la seconde, la descendance des volailles bleues se disjoint toujours suivant la même loi ; une étude indéfiniment prolongée n'apprendrait plus rien de nouveau [1].

1. On peut, en définitive, résumer dans le tableau suivant la série des phénomènes.

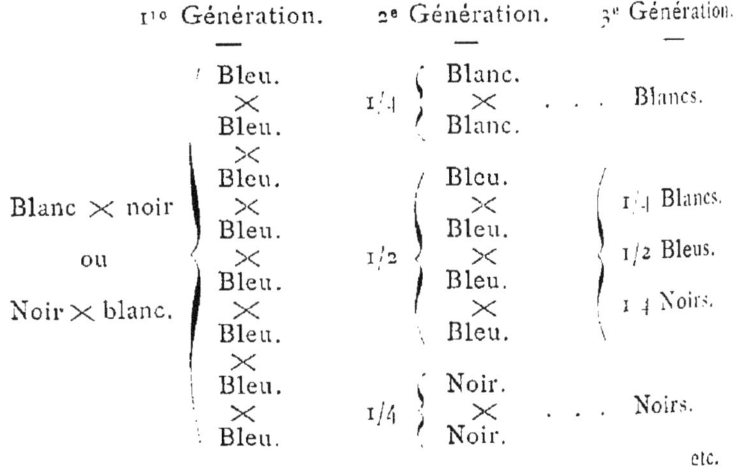

	1re Génération.	2e Génération.	3e Génération.
	—	—	—
	Bleu. × Bleu.	1/4 Blanc. × Blanc.	. . . Blancs.
Blanc × noir ou Noir × blanc.	Bleu. × Bleu. × Bleu. × Bleu.	1/2 Bleu. × Bleu. × Bleu. × Bleu.	1/4 Blancs. 1/2 Bleus. 1/4 Noirs.
	Bleu. × Bleu.	1/4 Noir. × Noir.	. . . Noirs.
			etc.

Il va sans dire qu'une règle de proportionnalité en pareille matière est approximative. Elle se vérifie d'autant mieux qu'on élève des couvées plus nombreuses. Si une poule et un coq bleus donnent quatre poussins, il n'y en aura pas nécessairement un noir, un blanc et deux bleus; s'ils en produisent un seul, il est *a priori* impossible de prévoir sa couleur. En présence des « caprices » de l'atavisme, un des mérites de Mendel a été de comprendre que l'étude statistique de familles nombreuses conduirait seule à une loi.

Quand le type métis se distingue à première vue, comme c'est le cas pour les volailles bleues visiblement différentes de leurs parents blancs ou noirs, la vérification de la loi est facile. Elle exige plus de soins lorsque les métis ressemblent à l'un de leurs parents de race pure.

De Vries a croisé deux races stables de Pavots dont l'une présente à la base des pétales une tache noire et l'autre une tache blanche. Les métis directement issus du croisement sont tous à tache noire; le caractère « noir » ne paraît ici en rien modifié par l'introduction de sang blanc, il est, comme on dit, *dominant* par rapport au caractère « blanc » qui est *dominé*. Les métis noirs produisent des pavots noirs et des pavots blancs; mais si l'on a soin de féconder chacune de ces plantes de seconde génération par son propre pollen et de semer séparément ses graines pour étudier sa descendance, on voit que tous les pavots blancs reproduisent fidèlement leur type et que certains pavots noirs sont aussi de race pure, tandis que d'autres donnent naissance à des blancs et à des noirs. Il n'y avait en apparence que deux types « noirs » et « blancs ». En réalité, l'expérience en révèle trois : « blancs stables », « noirs stables » et « noirs sujets à disjonction ». Ces trois types sont d'ailleurs dans les proportions mendéliennes.

Dès le début de ses études classiques sur l'hybridation des Pois, Mendel a rencontré ce cas relativement complexe de la dominance d'un caractère; le succès de ses recherches a été surtout dû à la précaution qu'il a prise d'isoler la descendance de chaque plante à partir de la seconde génération.

Un horticulteur désireux de *fixer le type noir* de Pavots métis, ne manquerait pas d'isoler les Pavots noirs à chaque génération, mais il sèmerait leurs graines en mélange; il verrait ainsi des blancs réapparaître dans ses cultures pendant nombre d'années, et il se plaindrait du long temps nécessaire pour fixer une race.

Les praticiens ont à apprendre de Mendel qu'en matière d'hérédité, il ne faut pas toujours se fier aux apparences et que des individus extérieurement semblables peuvent cependant transmettre à leurs descendants des caractères différents.

48. L'atavisme et les jeux de hasard. — Une comparaison peut aisément montrer que les lois de l'atavisme sont applicables, hors du domaine biologique, à des problèmes très simples de mélanges.

Convenons de représenter les Pavots à tache blanche ou noire par des jetons de verre incolores ou noircis. Un être provenant toujours de l'accouplement de deux éléments sexuels, ou gamètes, il sera naturel de représenter chaque individu par un couple de jetons : les Pavots de race noire pure seront figurés par des couples de jetons noirs et les Pavots blancs par des couples incolores. Un métis des deux races, représenté par un couple noir-incolore, pourra paraître aussi coloré qu'un noir de race pure. Mais pour représenter l'accouplement de ces métis symboliques, on devra accoler des jetons fournis indifféremment par les uns ou les autres et il y aura dès lors quatre combinaisons également possibles : noir-noir, incolore-incolore, noir-incolore ou incolore-noir. Ce qui correspond à un quart de couples noirs et un quart de couples incolores figurant les deux races pures et à une moitié de couples panachés représentant des noirs métis, sujets à disjonction.

On peut encore représenter par *C* un jeton coloré et par *c* un jeton incolore — en réservant la majuscule pour le caractère dominant; les individus de race noire pure auront alors pour symbole *CC*, et ceux de race blanche *cc*. Il sera convenu que le symbole *Cc* (ou *cC*) représente les métis noirs; l'accouplement de ces métis entre eux sera figuré par un tableau donnant les quatre combinaisons possibles des deux lettres :

CC race noire stable.	Cc *métis noir* *instable.*
cC *métis noir* *instable.*	cc race blanche stable.

On y reconnaît les trois types dont l'un est en proportion double des deux autres.

Si la comparaison des phénomènes d'atavisme et d'un jeu de jetons est légitime, l'emploi de ces formules l'est aussi et toutes les conséquences que leur concision rend facile d'en déduire doivent l'être à leur tour. Elles le sont, autant qu'on sache[1].

Les biologistes s'accoutument peu à peu à l'idée de représenter par des formules les races et les produits de leur croisement. Ils n'ont même pas craint de rattacher ces formules à une vieille hypothèse de Darwin qui donne aux symboles une sorte d'existence réelle. Au lieu de comparer des Pavots à des couples de jetons, ce qui ne peut tromper personne, on imagine que

1. Supposons qu'on croise des pavots noirs métis (Cc) et des pavots blancs de race pure (cc) ; les premiers peuvent donner des gamètes C ou *c*, les seconds uniquement des gamètes c. Les deux seuls types d'accouplement possibles, *Cc* et cc, sont également probables ; le croisement doit donc donner une égale quantité de descendants identiques à l'un ou à l'autre des progéniteurs. L'expérience confirme en pareil cas l'induction tirée des formules : elle démontrerait aussi bien cette conclusion d'apparence paradoxale qu'on peut indéfiniment féconder des « noirs métis » par des « blancs » sans obtenir jamais plus que moitié de blancs et moitié de noirs.

ces couples de jetons existent effectivement dans les cellules de Pavots, sous la forme de *pangènes* minuscules, ayant le pouvoir de se multiplier et capables, suivant leur nature, de produire la couleur noire ou la couleur blanche. En supposant qu'un seul pangène subsiste dans chaque gamète et s'accouple à un autre lors de la fécondation, on complète un système d'hypothèses tendant à faire croire que la partie de jetons symboliques dont j'ai parlé plus haut se joue réellement dans les cellules des individus d'une race au cours de sa reproduction. C'est préciser une image avec beaucoup de hardiesse et bien que l'hypothèse ait maintes fois déjà guidé des recherches micrographiques du plus grand intérêt, il serait encore prématuré de dire qu'elle y a trouvé un appui.

L'essentiel est de savoir que la loi de Mendel n'est pas nécessairement liée à la théorie de la pangénèse. Elle se contente d'affirmer que la réapparition de caractères ataviques dépend des mêmes lois que le sort des parties successives d'un jeu; ou, si l'on veut, que l'*atavisme bien connu pour son apparence capricieuse n'a d'autre règle que le hasard*. C'est en définitive dans cet énoncé simple qu'est renfermé le contenu essentiel de la loi. On ne contestera guère qu'il y ait du génie à tirer du commentaire précis d'une pensée d'apparence aussi banale tout un monde de conséquences.

49. **Variétés différant par plusieurs sortes de caractères.** — Pour appliquer la loi de Mendel,

il est essentiel de s'habituer à ne considérer qu'une seule sorte de caractères à la fois. Quand on répartit dans les trois catégories : « noire », « blanche » ou « bleue » la descendance d'un couple de volailles, il est entendu qu'on s'occupe uniquement de la couleur du plumage. Toutes les formes de crêtes, des couleurs diverses d'yeux, des plumes frisées ou lisses se rencontreraient en vain chez les volailles noires, on ne les classerait pas moins dans une même catégorie en dépit de leur diversité évidente. La question « couleur du plumage » une fois résolue, rien n'empêchera d'étudier par la même méthode et successivement les questions « formes des crêtes », « couleur des yeux », « frisure des plumes ». L'essentiel pour les comprendre est de ne pas tout d'abord les mêler. La méthode mendélienne est avant tout *une méthode d'analyse;* elle n'aborde les problèmes complexes qu'en opérant de proche en proche.

Les tomates de la variété « Fireball » ont la chair rouge et la peau jaune, ce qui leur donne dans l'ensemble la couleur rouge tomate. Dans la variété « Golden Queen » la chair jaune d'or donne seule sa couleur aux fruits, la peau étant incolore. Si l'on envisage d'abord les produits du croisement de ces deux variétés *uniquement au point de vue des couleurs de la chair*, la loi de Mendel s'applique sous sa forme ordinaire le caractère « chair rouge » (*RR*) étant dominant, et le caractère « chair jaune » (*jj*) dominé. Avec le symbolisme précédemment adopté, on pourra grouper en tableau les types produits par disjonction à la seconde génération après le croisement[1].

RR chair rouge	Rj *chair rouge.*
jR *chair rouge.*	jj chair jaune.

Chacune des catégories ainsi distinguées pour la « couleur de la chair » est hétérogène en ce qui concerne « la couleur de la peau ». Mais la loi de Mendel s'applique aussi bien à ce second point de vue qu'au premier, le caractère « peau colorée » (*CC*) étant dominant et le caractère « peau incolore » (*cc*) dominé. Le tableau suivant indique la répartition des plantes à la seconde génération en ce qui concerne la couleur de la peau.

CC peau colorée.	Cc *peau colorée.*
cC *peau colorée.*	cc peau incolore.

1. Je continue à désigner par des lettres ordinaires les plantes à chair rouge capables de transmettre ce caractère à tous leurs descendants et par des lettres italiques celles dont la descendance serait à chair rouge ou à chair jaune. La même convention est admise pour indiquer la stabilité ou l'instabilité des couleurs de la peau.

Si l'on veut maintenant représenter les combinaisons des deux sortes de caractères, il suffira de subdiviser chacune des cases du premier tableau conformément aux indications que donne le second. Les proportions des types de la seconde génération, leurs caractères visibles, la stabilité ou l'instabilité de ces caractères seront en définitive indiqués dans un seul diagramme représentatif.

CC peau colorée.	Cc *peau colorée.*	CC peau colorée.	Cc *peau colorée.*
RR chair rouge.		Rj *chair rouge.*	
cC *peau colorée.*	cc peau incolore.	cC *peau colorée.*	cc peau incolore.
CC peau colorée.	Cc *peau colorée.*	CC peau colorée	Cc *peau colorée*
jR *chair rouge.*		jj chair jaune.	
cC *peau colorée.*	cc peau incolore.	cC *peau colorée.*	cc peau incolore.

Les résultats expérimentaux concordent d'une manière très satisfaisante avec les prévisions théoriques résumées dans ce diagramme.

Ce croisement de variétés différant par deux sortes de caractères donne naissance à deux « nouveautés » : certaines plantes de seconde génération ont des fruits à chair jaune et peau jaune qui paraissent « jaune gomme-gutte », d'autres ont des fruits à chair rouge et à peau incolore qui paraissent « rouge carmin ». L'un comme l'autre de ces deux types a des représentants capables de se reproduire fidèlement; le semis séparé des graines permet de les distinguer et d'isoler les deux races stables nouvelles.

Rien de pareil n'existait dans le cas des Pavots dont les métis ne reproduisent que les deux types originels blanc et noir, ni même dans le cas des volailles andalouses où la race métis bleue, différente des parents, est irrémédiablement instable. Un croisement ne peut donner de races stables nouvelles que si les progéniteurs diffèrent par des caractères multiples.

La prévision des résultats en cas d'hérédité simultanée de caractères de deux sortes se fait en admettant que ces caractères s'héritent suivant la même loi, mais tout à fait indépendamment l'un de l'autre. Mendel lui-même a montré, par divers exemples, la légitimité de ce principe. L'indépendance des caractères une fois admise, il n'y a plus théoriquement de limites à l'application de la loi. S'il intervient, dans un croisement, une troisième sorte de caractère différentiel on n'aura, pour en tenir compte qu'à subdiviser une fois de plus les cases du diagramme précédent. On a pu appliquer la loi dans des cas atteignant ou dépassant même cet ordre de complication.

Il faut cependant remarquer, d'une part, qu'il devient pratiquement malaisé d'appliquer la loi à des cas trop complexes, comme je le dirai plus loin, et d'autre part que le principe de l'indépendance des caractères n'est pas d'une généralité absolue. La lumière n'est pas encore faite sur « les lois de corrélation » qui régissent les groupements particuliers de caractères dont on soupçonne déjà la très grande fréquence.

50. Valeur de la méthode d'analyse mendélienne. — La coutume de parler de certains caractères comme d'entités définies, indépendantes au point de vue héréditaire, celle de représenter ces caractères par des particules ou des symboles ont été familières à des biologistes comme Darwin et Weissmann autant qu'à Mendel lui-même, mais plus d'un logicien a nié la légitimité de ces habitudes[1].

Ne voit-on pas, dira-t-on, qu'un caractère n'est rien autre chose qu'un élément de la description d'un individu ; il y a donc autant de caractères que de modes de description possibles, c'est-à-dire une infinité ? Comment, dès lors, peut-on distinguer parmi ces caractères, dont la définition est conventionnelle, ceux qui sont isolables, rattachés à des symboles indépendants, et ceux qu'on ne doit pas isoler ? Pourquoi un mode de description serait-il préféré à un autre ?

Des critiques de ce genre dont l'apparente logique est troublante, montrent assez qu'on a souvent mal compris le sens expérimental et la portée pratique du mendélisme. Assurément si l'on soumet une même plante ou un même ani-

1. Par exemple, Le Dantec, L'hérédité des diathèses ou hérédité mendélienne. *Revue scientifique*, 23 avril 1904.

mal à deux naturalistes descripteurs, ils en donneront très souvent deux descriptions dissemblables que l'on pourra découper en énoncés de caractères différents. Mais cela ne prouverait-il pas tout simplement que ces descriptions discordantes sont faites à l'aventure et qu'elles n'ont pas de valeur scientifique ?

Le talent de caractériser les êtres par une suite d'expressions concises, mesurées et sentencieuses que le grand Linné appliquait, pour sa gloire, à classer les plantes les plus infimes aussi bien qu'à décrire les attributs de Dieu, ou à se définir lui-même, appartient au domaine des arts et non à celui de la science. Il serait aussi illusoire pour un biologiste de chercher à déduire quelque loi précise des données renfermées dans les ouvrages d'histoire naturelle descriptive qu'il serait vain pour un astronome de chercher un accord entre les formules précises de la mécanique céleste et les descriptions innombrables du ciel étoilé qu'ont données les poètes.

Assurément Mendel dans ses recherches classiques sur l'hybridation des Pois a souvent appliqué la loi à des caractères saillants et aisés à définir (la taille des plantes, la couleur des fleurs ou des graines, etc.) qui seraient presque certainement indiqués et isolés dans toute description visant à être un peu claire et complète. Mais il est loin d'en être toujours ainsi et les caractères que l'expérience montre soumis à une loi de disjonction précise ne sont pas toujours de ceux qu'un observateur quelconque distinguerait du premier coup. La grande valeur de la méthode d'analyse mendélienne est justement de donner, dans les cas douteux, une raison *expérimentale* pour préférer un mode de distinction des caractères à un autre ou, si l'on veut, un mode de description à un autre.

L'expérimentateur qui a croisé les deux races de tomates « Fireball » et « Golden Queen » devait, *a priori*, s'attendre à voir la loi de Mendel s'appliquer aux caractères « rouge tomate » et « jaune d'or » considérés comme isolables et bien définis. Il n'en a pas été ainsi et l'existence même de variétés inattendues, à la seconde génération, a fait penser que les couleurs des progéniteurs avaient été mal définies et qu'il fallait isoler les deux caractères : « couleur de chair » et « couleur de peau ». C'est seulement en substituant ainsi une description mendélienne à une description linnéenne qu'on a pu correctement appliquer la loi.

Il pourra en vérité sembler que cette loi perd sa portée si elle ne s'applique ainsi qu'après coup, si elle exige d'abord une définition des caractères soigneusement choisie en vue d'un résultat ! Mais il faut retenir que l'étude de deux générations suffit pour fixer le choix des caractères et qu'une fois ce choix fait et la loi vérifiée on se trouve en mesure de prévoir l'avenir pour autant de générations qu'on voudra, et de prédire aussi les résultats de croisements quelconques entre les diverses races apparues à la suite du croisement initial.

Un petit nombre d'expériences, résumées dans quelques formules, mettent ici un biologiste dans l'état de l'astronome qui connaît par un nombre restreint de mesures initiales la trajectoire et la vitesse d'un astre et qui peut dès lors prédire l'histoire à venir de ses retours ou de ses éclipses.

51. La réversion par croisement. — Le symbolisme mendélien, fixé d'après l'expérience et fondé sur le principe de rattacher chaque individu à ses progéniteurs et à ses descendants, sera-t-il le rudiment d'une algèbre transformiste à venir ? Donnera-t-il les solutions générales de problèmes évolutionnistes dont l'obscur langage linnéen n'arrivait qu'à énoncer les cas particuliers sous des formes étranges et déconcertantes par leur diversité ? L'étude récemment reprise et élargie des phénomènes de « réversion par croisement » donne au moins à ce sujet un encourageant exemple[1].

Les races de tomates à fruits « jaune gomme-gutte » ou « rouge carmin » nées du croisement des variétés « Fireball » et « Golden Queen », sont stables et peuvent être indéfiniment cultivées en gardant leurs caractères. Si l'on croise ces deux races, *aussi longtemps que ce soit après leur isolement*, on doit s'attendre à voir les deux caractères dominants « chair rouge » et « peau colorée » apparaître simultanément chez les métis qui auront ainsi les fruits « rouge tomate » du type Fireball. Du point de vue

1. J'emploie le mot de « réversion » de préférence à « cryptomérie » pour désigner le brusque retour, à la suite d'un croisement, aux caractères d'un ancêtre *très éloigné*.

mendélien, cette réunion de deux caractères est un fait des plus ordinaires.

Un langage moins approprié lui donnerait une apparence plus étrange : la couleur « tomate » de l'ancêtre Fireball commun aux deux races « gomme-gutte » et « carmin » avait disparu, pourrait-on dire, chez l'une comme chez l'autre, depuis un nombre tel de générations qu'on pouvait croire la chose définitive. La réapparition brusque de la couleur « tomate » prendrait ainsi l'aspect d'un de ces faits de « réversion par croisement » depuis longtemps tenus pour de paradoxales énigmes. Cette simple histoire des races de tomates deviendrait, à bien peu près, aussi déconcertante que le fut pour Darwin l'histoire des races de pigeons, à grosse gorge, à vol culbutant, à queue de paon, etc., distinctes les unes des autres par des caractères saillants, connues depuis des siècles pour leur fixité, et qui ne donnent pas moins, parfois, quand on les croise, des oiseaux ayant l'apparence du biset sauvage, ancêtre commun probable, mais très éloigné, de toutes les variétés de pigeons domestiques.

La lumière des méthodes mendéliennes a montré que, dans des réversions semblables, il n'y a pas réapparition d'un caractère perdu, mais recombinaison de plusieurs sortes de caractères qui s'étaient trouvés isolés. La distinction des deux explications peut, à première vue, paraître enfantine ; elle correspond, en réalité, à une toute nouvelle conception des choses. Si la vue moderne est exacte, les prétendus types ancestraux « réversifs » sont des métis d'origine complexe dont la descendance doit se disjoindre en un nombre plus ou moins grand de variétés et l'analyse de cette descendance doit fixer la nature et le nombre des caractères recombinés. En fait, les expériences récentes ont démontré l'existence générale d'une semblable disjonction. Les faits de réversion rentrent ainsi désormais dans un ordre régulier et banal de phénomènes dont on avait seulement relevé dans un mauvais langage, et après étude incomplète, quelques cas particuliers étonnants.

A vrai dire, il arrive que la connaissance du résultat des croisements entre variétés voisines fasse attribuer à chacune d'elles une « formule mendélienne » assez compliquée et les essais de traduction de ces formules en langage ordinaire peuvent être incompréhensibles ou invraisemblables. Mais un langage scientifique doit viser à être utile plutôt qu'à exprimer, sous des formes traditionnelles, les apparences immédiatement accessibles des choses.

On peut craindre seulement qu'en compliquant assez les formules on finisse par créer un système peu maniable bien qu'apparemment correct. Le système de Ptolémée n'était pas devenu absolument incapable d'expliquer les mouvements des astres quand sa complication le fit abandonner. A l'attitude sceptique de ceux qui soulèvent des objections semblables, les adeptes opposent leur foi enthousiaste dans l'avenir du Mendélisme.

52. **Les caractères mendéliens**. — Des expériences multipliées ont permis de dresser une longue liste de caractères mendéliens.

La coloration des fleurs, des fruits, des plumages d'oiseaux, des pelages de mammifères, des ailes de papillons, le mode d'ornementation par bandes ou taches pour les coquilles d'escargots aussi bien que pour les fleurs panachées, l'existence d'épines sur les fruits, de cornes chez le bétail, les modes de découpures des feuilles, les aspects des crêtes de volailles, sont autant de caractères héréditaires suivant les mêmes lois et possibles à exprimer en formules symboliques.

Une telle variété d'exemples, fournis indifféremment par les animaux ou les plantes, oblige à conclure que la loi de Mendel est d'importance générale. En fait, on ne sait pas, pour le moment, limiter sa portée bien qu'il soit clairement reconnu que son application n'est pas universelle.

Quand on croise la luzerne à fruits en faucille avec la luzerne cultivée dont les fruits sont enroulés sur eux-mêmes pendant deux ou trois tours de spires, on obtient des plantes dont les gousses courbées en anneau présentent un degré d'enroulement intermédiaire et ce caractère reste stable pendant toute la suite des générations. Les degrés de courbure des gousses ne sont donc pas, chez ces luzernes, des caractères ataviques à hérédité mendélienne. En général, le croisement des « variétés horticoles » de plantes ou des « races domestiques » d'animaux permet de découvrir sans peine divers caractères mendéliens ; au contraire, les croisements « d'espèces sauvages », lorsqu'ils sont possibles, en montrent un moins grand nombre et parfois pas du tout.

Dans la pensée de Hugo de Vries les caractères distinctifs des variétés ou des races forment un groupe à part et relativement restreint ; ce sont, pour ainsi dire, toujours les mêmes caractères qui servent à distinguer les variétés chez les espèces les plus diverses. Il suffit d'ouvrir un catalogue horticole pour être frappé de la monotonie avec laquelle s'y répètent les annonces de variétés à « fleurs doubles », à « feuilles panachées », à « feuilles laciniées ». Un grand nombre d'arbres : l'Aubépine ou les Conifères, comme les Frênes ou les Saules, ont des variétés à « feuillage pleureur ». Il y a des haricots « nains » comme des poules « naines », des chevaux « pommelés » comme des « fleurs tachetées ». Les plantes à fleurs colorées ont souvent des variétés à « fleurs blanches », tout comme les lapins, les souris ou les chats ont des variétés « albinos ». Tous ces « caractères variétaux » sont remarquables par leur répétition ou, si l'on veut, par leur banalité.

Si vraiment cette distinction par trop instinctive des caractères variétaux peut être précisée et si ce sont bien là les seuls caractères mendéliens, le domaine du mendélisme se trouvera un jour strictement limité et il faudra chercher en dehors de lui, toutes les données concernant le maintien ou l'origine des « espèces ». Il serait fort téméraire d'assurer que l'œuvre de Mendel n'aura pas une portée plus lointaine ; mais même si l'on admet la délimitation suggérée par de Vries, les caractères variétaux restent assez nombreux et assez importants pour que leur étude puisse faire espérer de sensationnelles découvertes.

Les caractères sexuels ont toute l'apparence de caractères variétaux : rien n'est banal comme l'existence d'une variété mâle et d'une variété femelle chez une même espèce. Dans une lettre qu'il écrivait à Nægeli, Mendel suggérait déjà que sa loi pourrait s'appliquer à l'hérédité du sexe et cette idée a dirigé depuis d'intéressantes recherches.

Il est impossible de propager séparément, à l'état de races pures, des plantes à fleurs mâles, n'ayant que des étamines, et des plantes à fleurs femelles pourvues seulement d'un pistil. Mais on a pu du moins isoler chez les Primevères, une variété à *étamines longues* et *pistil court*, et une variété à *pistil long* et *étamines courtes*. Ces deux variétés se croisent, dans la nature, d'une façon régulière à chaque génération et il semble bien qu'on puisse les comparer à deux sexes malgré la capacité qui reste à chacune d'elles, de donner quelques graines par autofécondation. L'hérédité de ces pseudo-sexes, après leur croisement, s'est montrée conforme à la loi de Mendel. On a aussi étudié les croisements de plantes hermaphrodites par des plantes unisexuées et reconnu souvent dans la descendance des proportions constantes des deux types[1].

Si l'on se met un jour à définir les sexes, non plus d'après leurs apparences, mais d'après les résultats de leurs croisements — comme on le fait en général pour les caractères mendéliens — rien ne dit qu'on ne devra pas arriver, pour éclai-

1. C'est ce qu'a observé Correns dans le croisement de *Bryonia dioica* par *Bryonia alba*.

rer les choses, à distinguer plus d'une sorte de mâles ou de femelles. Mais il n'est pas impossible, au prix, s'il le faut, de conceptions semblables, que l'hérédité du sexe se montre soumise à une loi statistique identique ou analogue à la loi de Mendel.

On a eu récemment une raison de croire que l'immunité à certaines maladies peut être un caractère mendélien. Une variété de blé, très sujette à la rouille, a été croisée avec une variété généralement réfractaire à cette maladie cryptogamique. A la première génération toutes les plantes sont atteintes, mais à la seconde trois quarts seulement sont rouillées et le quart restant demeure indemne, bien qu'il ait été très largement exposé à la contagion. Tout se passe comme si « la sensibilité à la rouille » était un caractère dominant par rapport à l'immunité envers cette maladie. Cet exemple unique ne peut donner qu'une première indication ; mais en fait les horticulteurs ou les éleveurs tiennent souvent l'immunité pour un caractère variétal et ne manquent pas de vanter comme rebelles aux maladies certaines des races qu'ils vendent.

Après tout cela, il faut se demander si la loi de Mendel s'appliquera à l'homme ? Nul n'en doute, sachant sa généralité. La cataracte congénitale, la malformation des mains et des pieds, quand les doigts n'y ont que deux phalanges, sont des exemples acquis de caractères humains à hérédité mendélienne. Il en existe sans doute un très grand nombre d'autres. Malgré quelques complications apparentes, il est à croire que la méthode convenable pour l'étude des colorations de fleurs ou des pelages d'animaux doit s'appliquer à l'analyse des couleurs d'yeux, de cheveux ou de peau chez les races humaines. Depuis qu'on a réussi à distinguer un nombre limité de types parmi les crêtes de coqs, il devient assez vraisemblable qu'une pareille besogne pourra un jour se faire pour les formes de nez ou d'oreilles, et pour les éléments multiples dont sont faites la beauté comme la laideur.

Si l'on songe enfin que des traits de mœurs ou des formes d'intelligence peuvent aussi bien caractériser nos races d'animaux domestiques que les particularités de leur conformation physique, on peut acquérir l'espoir que la personnalité intellectuelle soit faite de caractères variétaux et que le talent ou le génie humain puissent, comme la beauté, être soumis à l'analyse mendélienne.

53. La culture mendélienne. — Quand on croise des pavots en portant son attention uniquement sur la couleur blanche ou noire d'une tache de leurs pétales, la disjonction de leurs métis ne produit que les deux types noirs et blancs. Le croisement des tomates, qui diffèrent à la fois par la couleur de la chair et la couleur de la peau, donne naissance à quatre variétés, — rouge tomate, carmin, gomme-gutte, et jaune d'or — dont deux sont nouvelles. Si l'on étudiait, dans un croisement, l'hérédité de trois sortes de caractères mendéliens indépendants, on distinguerait huit variétés dans la descendance. On devrait en trouver plus de mille si les parents différaient par des caractères mendéliens de dix sortes. Chacune de ces mille variétés aurait d'ailleurs, dès la seconde génération, des représentants purs, mais ceux-ci n'existeraient qu'en proportion restreinte et un calcul simple montre qu'il faudrait, pour avoir chance de les rencontrer, élever plus d'un million de descendants des métis[1].

Une étude mendélienne complète de ce cas, relativement simple au point de vue théorique, exigerait qu'on couvrît pour le moins une dizaine d'hectares de cultures, s'il s'agissait de plantes, ou tout un pays de troupeaux, s'il était question de bétail ! Aucune armée de travailleurs n'a encore entrepris systématiquement une pareille tâche, mais un mendélisant quelque peu convaincu n'a pas à douter de l'existence réelle de ce millier de variétés fixes prévues par la loi, ni de la possibilité de les isoler sans incertitude pour peu qu'on y mette du soin.

On comprend aisément le désarroi où peut être en pareil cas un observateur pénétré des méthodes traditionnelles d'étude en matière d'hybridation. Au milieu des multiples combinaisons de caractères indépendants méconnus, il cherche avant tout à apprécier des « ressemblances générales », et ne peut manquer de conclure qu'il existe tous les degrés de ressemblance entre les produits du croisement et leurs progéniteurs.

1. Les calculs sont faciles à faire de proche en proche, si l'on observe qu'il faut pour chaque sorte nouvelle de caractères diviser en quatre chacune des cases d'un diagramme représentatif analogue à celui donné plus haut pour le cas des tomates.

Faute de précautions convenables pour séparer, dès l'abord, la descendance des individus de race pure de celle des métis instables qui leur ressemblent, il croit à peu près impossible de fixer aucun de ces types intermédiaires. Enfin, s'il élève à chaque génération tout au plus quelques dizaines d'individus, il ne voit à la fois qu'un petit nombre de ces types possibles et chaque expérience lui en montre de nouveaux. Il ne peut que conclure à une excessive variabilité, en tous sens, des êtres qu'il observe. S'il se réfère aux règles données, avant la renaissance mendélienne, par les plus sagaces expérimentateurs, il apprend que les croisements sont le plus souvent une *inépuisable source de variations*, et la description classique, comme en un aveu d'impuissance, énumère les phénomènes où il se perd, sous la rubrique : « variation *désordonnée* des hybrides ou des métis. »

Ce qui fait le sens profond de la tendance mendélienne, c'est de découvrir les conséquences précises de lois héréditaires inéluctables justement dans le cas où une variabilité affolée semblait régner en maîtresse. Mendel restera par là un précurseur génial entre les biologistes qui se sont efforcés, dans les temps modernes, d'analyser le contenu de la notion de « variabilité ». Son œuvre, bien que plus ingénieuse et traitant d'un sujet plus complexe, est sœur de celle de Jordan qui décela le mélange d'espèces élémentaires distinctes dans les cas où l'on avait cru à l'extrême variabilité des individus d'une espèce unique.

Les savants qui ont pris hardiment place à l'extrême-gauche du mendélisme sont arrivés à n'attribuer qu'une importance infiniment restreinte à la variabilité individuelle. La transformation des espèces, à laquelle ils ne cessent pas de croire, n'est due pour eux qu'à des exceptions brusques et relativement rares aux lois habituelles de l'hérédité ; elle résulte de la naissance de *monstres* capables, dès leur venue au jour, de donner une descendance qui leur ressemble exactement. Hors de cette apparition exceptionnelle d'espèces nouvelles que nous ne savons pas produire sûrement, le monde vivant est soumis aux lois d'une hérédité sans merci, et ce sont ces lois qui doivent servir de guide précis et sûr, sinon à toute spéculation théorique, du moins à toute entreprise pratique, en matière d'agriculture, d'horticulture ou d'élevage.

S'il est pratiquement illusoire de chercher à enfreindre les lois rigides de l'hérédité, il ne saurait être question pour l'horticulteur ou l'éleveur d'*améliorer* des espèces ou de *perfectionner* des races, au sens propre qu'ont ces mots. Mais il reste possible de combiner de toutes les manières les caractères de races diverses.

L'horticulteur qui voudra obtenir des « nouveautés » avantageuses devra d'abord faire recueillir, sous toutes les latitudes et dans tous les pays, les variétés existantes de l'espèce qu'il cultive. Quand il possédera, côte à côte, des types purs de ces variétés, il les croisera assez abondamment pour couvrir au besoin des hectares de leur descendance : de ces immenses cultures il sacrifiera enfin presque tout pour ne garder que les rares plantes auxquelles il trouvera un ensemble satisfaisant de caractères stables.

Ce schéma de la culture mendélienne à venir est presque réalisé, dès à présent, à ce qu'on assure, dans les exploitations immenses où le grand *farmer* américain Luther Burbank s'est attaché, avec persévérance, à des œuvres pleines de hardiesse.

54. Les variétés humaines. — Nos mœurs sociales gagneraient-elles à s'inspirer du mendélisme ? Elles auraient, en tout cas, fort à faire pour cela et la question dépasse de beaucoup l'ordre des préoccupations habituelles de nos législateurs.

Sans doute nos sociétés civilisées sont formées d'un extraordinaire mélange de métis issus de variétés humaines méconnues. La diversité des individus, que nous attribuons à la variabilité de la race, doit s'expliquer surtout par ce mélange complexe de types bien distincts dont la stabilité apparaîtrait s'ils étaient isolés en des familles pures.

Dans ce chaos de variétés humaines, où aucune analyse n'oriente ceux qui pensent gouverner, les unions se font au hasard des rencontres, de l'attirance obscure et puissante de l'amour, ou des convenances sociales. Des hommes de génie y naissent comme des variétés rares dans une culture mal conduite, mais, si nous savons parfois les reconnaître, nous n'avons du moins jamais osé tenter la fixation de leur race! Nos Etats, pour uniformiser, dans la mesure possible, l'incohérence de leurs populations, n'ont imaginé que le remède misérable de moyens coercitifs, pédagogie ou police, quand ce n'est pas supplice ou prison.

Suivant la stricte compréhension mendélienne, chaque enfant, dès le moment même où il est conçu, doit avoir en puissance des tendances précises auxquelles il suffira de circonstances favorables pour se manifester, et doit aussi être marqué d'une incapacité totale à acquérir les caractères qui ne sont pas gravés dans sa « formule héréditaire ». Si nous possédions cette formule, sous une forme lisible, elle indiquerait sans doute quel pourra être l'éducateur de l'enfant, quelles personnes et quels travaux pourront se l'attacher, autant qu'elle ferait connaître les possibilités permises à sa descendance. Quiconque s'est instruit, sait, en tout cas, comment une personnalité s'éveille par à-coups, au contact d'êtres ou de spectacles privilégiés, et au milieu de l'indifférence pour la plupart des maîtres et des enseignements. Tout ce qui n'était pas écrit d'avance en nous des programmes suivant lesquels on a prétendu nous former tient aussi peu à nous-même que tiendrait à nos cheveux une teinture surajoutée pour dissimuler leur couleur naturelle.

Il convient de tenir en défiance les pédagogues qui prétendent avoir une recette pour « former le cerveau de l'enfant » autant que les charlatans qui disent posséder une eau merveilleuse pour empêcher les rides prédites à la vieillesse de s'imprimer sur la peau. En attendant le jour, s'il doit venir, où l'élevage humain fera l'objet d'une science précise capable de guider les unions, les hasards seuls de l'éducation peuvent corriger le hasard des mariages. Mettre en contact chaque élève avec le plus qu'il se pourra de maîtres et d'objets d'enseignement, attendre l'éveil des tendances innées sans espérer le succès d'examens encyclopédiques, paraît la seule sagesse. Nul n'est en droit de se prétendre éducateur privilégié. Les parents même, qui croiraient pouvoir diriger sans incertitudes, l'effort de leurs fils, oublieraient sans doute que dans les races dont la pureté n'est pas maintenue par un isolement rigoureux, la réversion est de règle et que des bisets sauvages naissent communément, chez les pigeons, de l'union des races les plus différenciées.

Faut-il oser prévoir, dans un avenir lointain, une société plus mendélienne, semblable à ces cultures sélectionnées où les races les meilleures, maintenues dans l'isolement, ne donnent que des produits purs ? Cette société, où la loi héréditaire dominerait toute organisation, n'apparaîtra-t-elle pas à certains, comme la pire autocratie ?

Quelques-uns des congressistes, réunis en 1906 pour glorifier Mendel, ont eu le plaisir de voir le poulailler où M. Bateson a réuni quelques-unes des plus curieuses races de volailles. Les familles y sont isolées dans des enclos grillagés ; chaque individu porte, à l'aile, une médaille de métal où sont gravés quelques symboles certifiant son origine ; tout œuf, dès qu'il est pondu, reçoit une formule qui sera précisée par les caractères visibles du poussin.

Cet élevage existant depuis quelques années, on commence à savoir les lois héréditaires qui le gouvernent : la recherche de la paternité n'y serait pas impossible, si quelque coq échappait à l'enclos qui lui est réservé pour s'accoupler à l'aventure. Un riche domaine de réflexions est ouvert au curieux qui voudra chercher comment évolueraient dans une société semblable nos conceptions actuelles de l'amour, du mariage, du patriotisme ou du gouvernement, comment un travail social coordonné pourrait s'y établir et sous quelle forme on y concevrait le progrès.

Telle qu'elle est, la société restreinte des volailles de M. Bateson, vit dans une paix relative. Elle est encore, à vrai dire, trop embryonnaire pour qu'on sache si elle donnera, à coup sûr, des produits rares ou nouveaux. Mais elle peut sembler déjà plus différente de la nôtre et, dans un certain sens, plus évoluée que ne sont les « sociétés futures » journellement évoquées par des prophètes audacieux.

C. — **Variabilité. — Mutation.**

Grâce à la conception imprécise de l'espèce qu'avaient les premiers naturalistes descripteurs, il a pu sembler un moment, lorsque Darwin eut appelé les esprits à l'étude du problème de la descendance, qu'il était aisé de découvrir par centaines des exemples de *variation* pouvant expliquer l'origine des espèces.

A l'analyse cette illusion s'efface; de Vries lui a porté le dernier coup. Toutes les données expérimentales que nous venons d'accumuler pour définir avec plus de précision les espèces ont été autant de limites apportées au domaine de la variation. Il apparaît actuellement à quelques esprits réfléchis que l'origine des espèces naturelles n'a pour explication aucun fait expérimental précis.

Faisons cette analyse en envisageant les phénomènes les plus généraux qui semblent d'abord à l'appui d'une *variabilité* universelle des plantes sauvages et cultivées.

1° LA VARIABILITÉ DANS LA NATURE

55. **Polymorphisme.** — Les botanistes descripteurs parlent volontiers de *variabilité* chaque fois qu'ils rencontrent des difficultés pour rapporter les plantes aux cadres des classifications admises par leurs flores.

Je trouve par exemple dans la flore de Corbière cette remarque ajoutée à la diagnose de *Viola tricolor L.* (pensée sauvage) : « stirpe extrêmement *variable.* » Cette indication est suivie d'une liste des formes possibles à distinguer. En réalité, comme l'ont montré Jordan et d'autres, sur ce cas même de *Viola tricolor*, il ne s'agit pas là d'une *espèce unique* de plantes ayant des caractères variables héréditairement, mais d'une espèce mal définie qui est un *groupe d'espèces élémentaires* parfaitement distinctes et fixes.

En substituant par ses expériences à la notion vague « d'espèce linnéenne » la notion précise « d'espèce élémentaire » Jordan a tari une source importante d'observations illusoires qui faisaient conclure à la variabilité des espèces. « Stirpe extrêmement variable » veut dire stirpe très riche en espèces stables et distinctes que Linné n'avait pas séparées. Il n'y a pas « variabilité » mais « polymorphisme ».

La méconnaissance de l'autonomie des petites espèces peut donner lieu à d'autres illusions. Lorsqu'une race étrangère de céréales vient d'être importée dans un pays, il n'est pas rare d'entendre dire qu'elle « a repris les caractères des races indigènes anciennes ». Il s'agit tout simplement de la supplantation de cette race nouvelle par les races anciennes, par suite de mélanges de graines, et d'une multiplication plus parfaite des vieilles races acclimatées.

Quand on examine d'année en année une prairie naturelle on voit changer sans cesse les plantes qui la composent. On pourrait croire que les unes se transforment en d'autres plus aptes à vivre dans les conditions du milieu. La lutte pour la vie, avec ses circonstances variées, amène simplement des changements de proportion entre toutes les espèces existantes, fixes d'ailleurs.

56. Distinctions spécifiques trop multipliées. — Un autre cas qui est, en quelque mesure, inverse du premier, est celui où l'on conclut à la variabilité, ou même à la transformation d'une espèce dans une autre parce qu'on a indûment multiplié les distinctions spécifiques.

Dans la flore de Corbière et dans beaucoup d'autres, on distingue deux variétés du *Polygonum amphibium* :

1° Variété *natans*, à tiges submergées, et feuilles flottantes glabres, longuement pétiolées;

2° Variété *terrestre*, à tiges dressées aériennes, feuilles brièvement pétiolées et pubescentes.

Massart a montré que ces deux caractères opposés apparaissent indifférémment suivant l'habitat : le caractère « terrestre » chez les plantes terrestres, le caractère « natans » chez les plantes élevées dans l'eau.

Faut-il conclure qu'une variété se transforme en une autre? De Vries fait rentrer ce cas dans celui des espèces « sportives », définies par la *propriété héréditaire* parfaitement fixe et invariable de donner, suivant les circonstances, *l'une ou l'autre des deux formes*, sans jamais sortir de cette alternative.

Il s'agit là d'une variété sportive comparable à la variété « *torsus* » du *Dipsacus sylvestris* qui peut, à chaque génération, suivant les soins de culture, présenter des individus *tordus* ou *droits*, sans que d'ailleurs la variété prenne d'autre forme que ces deux-là. Cette possibilité d'une *alternance* de deux formes extrêmes est ici ce qui caractérise l'espèce.

Quand on transplante des pieds rabougris de *Achillea millefolium* ou *Helianthum vulgare*, de la montagne à la plaine, ils reprennent rapidement leur allure normale, même s'ils ont vécu à la montagne depuis des milliers de générations.

Les Lamarckiens ont vu dans les variations de ces plantes dimorphes sous l'influence des conditions de vie, une explication possible de l'origine des espèces ; assurément, ils ont exagéré l'importance de ce cas. Les deux formes possibles marquent des limites d'où l'espèce ne sort pas (autant que nous puissions voir) et pour être moins aisée à définir, la stabilité n'est pas moins réelle.

Il est évidemment chimérique de tenter de prendre des exemples de cette nature comme point de départ général. Quand on aura vu mille fois une forme rabougrie de plante donner une forme élancée, une forme grasse donner une forme sans carnosité, ou une variété poilue devenir glabre, il est vraisemblable qu'on n'aura pas fait un pas dans la solution du problème de l'évolution qui consiste par exemple à savoir comment des Filicinées ont donné des plantes à fleurs.

2° La variabilité des plantes cultivées

L'examen des résultats de l'horticulture donne à première vue l'impression d'une variabilité considérable des plantes cultivées. En voyant la multiplicité des formes nouvelles qu'on expose à chaque concours horticole, il semble bien que dans les mains de l'horticulteur les plantes soient une matière plastique avec laquelle il crée des nouveautés à son gré.

Une analyse fait aussi disparaître cette illusion au moins en partie et montre que les résultats horticoles sont, en général, d'assez peu de poids pour nous faire comprendre l'origine des espèces naturelles.

57. Polymorphisme préexistant. — Dans tous les groupes de plantes qui ont donné des types variés aux horticulteurs, le polymorphisme préexistait en général. On est parti d'espèces qui présentaient, dès l'abord, des espèces élémentaires ou des variétés extrêmement nombreuses. C'est le cas pour les Pommiers dont il existe de nombreuses espèces sauvages, pour les Roses, pour les Tulipes, les Glaïeuls ; c'est aussi le cas pour les Dahlias dont il existait de nombreuses espèces cultivées au Mexique, quand les Européens les y découvrirent et pour les Chrysanthèmes dont les nombreuses espèces ont été cultivées depuis une haute antiquité dans les jardins du Japon.

Le premier talent de l'horticulteur est de choisir ainsi dans la nature un matériel de travail polymorphe. Une partie de sa besogne de *sélection* revient à l'isolement de petites espèces préexistantes et plus ou moins mélangées.

58. Hybridation. — Un des grands moyens par lesquels le praticien accroît ce polymorphisme originel est l'*hybridation* qui lui permet de combiner de mille manières nouvelles, les qualités ou les caractères des espèces ou des variétés dont il est parti.

Les *Canna*, les *Begonia*, les Glaïeuls, les *Amaryllis* horticoles, et bien d'autres, sont le produit d'hybridations incessantes dont l'histoire exacte est souvent inconnue.

Mais si l'hybridation est un moyen certain d'obtenir des nouveautés horticoles, il ne semble pas qu'elle suffise à expliquer le progrès continu de l'évolution naturelle des espèces. Elle combine des caractères, elle n'en crée pas de nouveaux.

On aura beau, à ce qu'il semble, croiser des Renonculacées entre elles, on n'en fera pas des Papavéracées ou des Crucifères.

On ne sort pas généralement, par l'hybridation, d'un ensemble restreint de formes dont les espèces originairement prises marquent les limites extrêmes.

59. **Élection.** — Enfin l'horticulteur améliore ses cultures, par l'élection des extrêmes en ce qui touche à tous les caractères fluctuants ; il maintient par boutures, greffe, etc., les formes obtenues. Mais nous avons vu que celles-ci n'acquièrent en principe aucune stabilité comparable à celle des espèces naturelles ; elles ne se maintiennent que par la persistance de procédés particuliers de multiplication et de culture.

En résumé, ce qu'il y a de plus variable dans tous ces cas, c'est comme, dit de Vries, le sens du mot *variabilité*. Au milieu de la multitude des cas de variation prétendue, l'examen ne révèle presque rien qui mette sur la voie des modes d'origine des espèces nouvelles. Ce que montre la nature à nos expériences les plus attentives, c'est surtout une remarquable et inattendue fixité des types organiques.

Faut-il donc abandonner les théories transformistes ?

D'aucuns l'ont cru et ont vu en de Vries le chef de je ne sais quel parti de réaction contre les idées de Darwin. Telles ne sont pas les vues de de Vries. Avec l'immense majorité des naturalistes, il voit dans les théories transformistes un instrument de coordination trop précieux pour songer à les abandonner.

De Vries cherche à faire disparaître l'apparente contradiction qui résulte de l'analyse des faits et il n'y voit qu'un moyen.

Si la nature ne présente pas ordinairement à nos expériences une constante instabilité, c'est que les espèces ne naissent pas, comme on l'a cru, d'un travail lent et continu de variation des espèces préexistantes.

Le seul moyen de concilier le transformisme avec les résultats de nos expériences sur l'hérédité est d'admettre que la variation nous échappe parce qu'elle est dans la nature un phénomène *rare* et *brusque* et non un phénomène constant et continu qui ne pourrait manquer d'être constaté.

C'est là l'origine de l'idée des *mutations*, ou naissance d'espèces par variations brusques. Elle tire sa force plus encore de l'analyse minutieuse qui a conduit au raisonnement précédent que de l'examen des expériences dont de Vries l'a appuyée, et que je vais maintenant rapporter.

60. Expériences et observations de de Vries. — En général, les espèces élémentaires et les variétés sont d'une stabilité parfaite en culture, si on les isole suffisamment. Même si certains caractères fluctuants peuvent montrer des degrés qui s'écartent de la moyenne, ces degrés extrêmes n'ont pas de fixité héréditaire, ne sont pas les caractères d'espèces nouvelles.

De Vries a cependant rencontré dans ses cultures des exemples peu nombreux d'espèces instables. L'étude de ces cas a un grand intérêt car elle peut donner l'idée de la manière dont naissent dans la nature les variétés ou les espèces élémentaires nouvelles.

Le cas le plus typique est celui de *Œnothera Lamarckiana* (fig. 10, A). Les espèces d'*Œnothera* aujourd'hui répandues en Europe et bien acclimatées, comme *Œ. biennis* par exemple, ont été introduites d'Amérique du Nord aux XVIIe et XVIIIe siècles. Il en est sans doute de même de *Œ. Lamarckiana*. Cette plante était déjà connue de Lamarck et cultivée de son temps au Muséum d'Histoire naturelle de Paris. Il l'a signalée comme espèce nouvelle ; un exemplaire, mis en herbier par lui, présente les caractères typiques de l'espèce telle qu'elle existe encore aujourd'hui. Par une coïncidence curieuse, le célèbre naturaliste français qui a mis en honneur la théorie de l'*évolution graduelle des espèces par action du milieu*, s'est trouvé doublement mêlé à la découverte d'une plante qui devait plus tard devenir un exemple important d'évolution ; mais la théorie *des mutations brusques* est toute différente des théories lamarckiennes.

De Vries a rencontré cette plante aux environs d'Amsterdam, à Hilversum, où elle était en voie d'extension dans un champ de pommes de terre abandonné, sans doute venant d'une graine échappée de jardin. En visitant ce champ chaque année, de Vries fut frappé de voir comment, à mesure que la plante s'étendait, elle présentait des formes variées. Tantôt il s'agissait d'anomalies comme des *torsions de tiges*, des *soudures*, *des feuilles en cornet*, tantôt de la découverte de plantes à caractères particuliers qui n'avaient pas été vues jusque-là. De Vries pensa que l'espèce devait être dans une période d'affolement, ou de « mutabilité » et qu'elle pourrait fournir un exemple de variation.

D'une part, de Vries a visité chaque année le champ d'Hilversum, et il en a isolé les formes nouvelles pour en faire la culture.

D'autre part, il a cultivé dans son jardin des *Œnothera Lamarckiana* venant d'Hilversum pour étudier leur descendance.

Comme conséquence de cette double recherche il est arrivé à isoler une *douzaine de formes nouvelles* bien définies, provenant certainement de la forme type, et inconnues antérieurement des botanistes, à ce qu'il semble. D'après l'étude qu'il en a faite, elles se répartissent en trois catégories dont nous allons voir les caractères avant d'étudier plus précisément leurs modes d'apparition.

1° *Variétés stables*. — Certaines des formes

nouvelles ont, par rapport à l'espèce mère, les caractères de variétés. Ce sont, par exemple, celles que de Vries nomme :

Œ. lævifolia, à feuilles lisses et non gaufrées ;

Œ. brevistylis (fig. 10, B), dont le style est court, les stigmates dépassant à peine le tube du calice ;

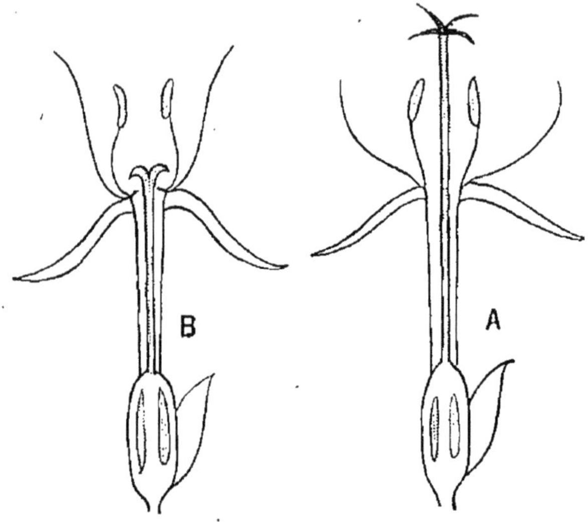

Fig. 10. — *Œnothera*.

A, coupe schématique d'une fleur d'*Œnothera Lamarckiana*. B, coupe schématique d'une fleur d'*Œnothera brevistylis*.

Œ. nanella, forme naine ne dépassant pas un mètre de haut, et à parties homologues plus petites que dans la plante mère qui a 1^{m},60 et plus.

Ces variétés sont stables si on les cultive à l'abri de tout croisement ; les croisements suivent la loi de Mendel.

2° *Espèces élémentaires stables.* — D'autres nouveautés sont des espèces élémentaires, vigoureuses et aussi faciles à propager que l'espèce mère dont elles diffèrent par un grand nombre de caractères ; dès la germination, à l'état de rosettes, et jusqu'à l'état adulte, ces plantes se révèlent comme distinctes, telles les petites espèces de *Draba verna*.

Ce sont :

Œ. gigas, plus vigoureuse ; les feuilles, serrées le long de la tige, sont larges ; les fleurs plus grandes, les graines plus grosses ;

Œ. rubrinervis que distingue, entre autres traits, la couleur rouge constante des nervures des feuilles.

La stabilité de ces espèces a été parfaite.

D'autres ont aussi les caractères des petites espèces ; elles peuvent être maintenues en culture, mais elles sont délicates et vouées, dans la nature, à la disparition ; citons :

Œ. albida, à feuilles étroites et pâles ;

Œ. oblonga, à capsules petites et peu nombreuses.

3° *Formes inconstantes.* — Certaines formes sont inconstantes ; citons :

Œ. scintillans, plante moins rameuse, plus petite que le type *Œ. Lamarckiana ;* ses feuilles sont vert foncé et brillantes.

Même autofécondée cette forme est inconstante ; elle donne $\frac{1}{3}$ de *Œ. scintillans* et $\frac{2}{3}$ de *Œ. Lamarckiana* environ, avec aussi quelques individus des autres types. C'est la forme la plus riche en mutantes ; ce n'est cependant pas une variété sportive. Les *Lamarckiana* qu'elle donne restent purs et ne produisent pas d'*Œ. scintillans* dans la suite.

Œ. elliptica est de la même catégorie.

Une forme uniquement femelle : *Œ. lata* est inconstante aussi; les étamines existent dans la fleur, mais le pollen est phagocyté par les cellules de l'assise nourricière allongées en tubes.

Si on la féconde avec du pollen de *Œ. Lamarckiana*, elle donne en proportions à peu près constantes *Œ. lata*, *Œ. Lamarckiana* et d'autres formes en proportions faibles et variables. C'est encore une forme inconstante, car il n'y a pas ici disjonction mendélienne simple.

Telles sont les nouveautés essentielles ; les monographies antérieures du genre *Œnothera* n'en parlent pas, les herbiers n'en ont pas d'exemplaires; *Œnothera Lamarckiana* passe pour une forme stable. Cet état de mutabilité de l'espèce est particulier à Hilversum et à Amsterdam, à l'époque où de Vries s'en est occupé.

61. Conditions d'apparition des nouveautés. — Deux variétés, *Œ. brevistylis* et *Œ. lævifolia*, sont apparues et se sont maintenues dans le champ d'Hilversum. De Vries avait entrepris ses cultures de *Lamarckiana* à Amsterdam avec l'espoir de voir renaître ces deux formes ; il ne les *a jamais* retrouvées *expérimentalement*, mais par contre dans ses cultures, il a retrouvé toutes les autres.

La principale des expériences de culture a eu pour point de départ 9 rosettes de *Lamarckiana* transportées d'Hilversum.

De Vries a étudié pendant treize ans la descendance de ces plantes sur neuf générations; d'abord, les plantes, facultativement bisannuelles, étaient cultivées pour fleurir en deux ans. Ensuite, l'élevage sous châssis permit de continuer la culture de manière à la rendre annuelle.

Dans les premières années, on laissa les *Œ. Lamarckiana* de la culture s'interféconder par l'intermédiaire des insectes, la culture étant isolée de toute autre. Dans les quatre dernières générations, de Vries n'a plus utilisé que des plantes autofécondées sous parchemin.

La recherche des nouveautés a été faite sur des cultures extrêmement abondantes (jusqu'à 15.000 pieds par année); elle est facilitée par le fait que, dès la formation des rosettes après germination, il y a des caractères distinctifs nets qui permettent d'isoler les mutantes et de rejeter les *Lamarckiana* purs.

Les remarques générales suggérées par cette expérience sont les suivantes :

1° Les nouvelles espèces apparaissent *tout d'un coup*, sans préparation, sans intermédiaires bien marqués;

2° Elles *acquièrent de suite leur fixité*, sans qu'aucune sélection ne soit nécessaire. Les espèces instables le sont dès le début et le restent; au contraire, des formes telles qu'*Œ. gigas* par exemple, apparue une seule fois, et cultivée à part, n'ont pas montré de retour;

3° La naissance d'espèces nouvelles n'empêche pas la persistance de l'espèce principale, puisque celle-ci reste dominante en nombre à chaque génération ;

4° De cette forme en voie de mutabilité, il ne naît pas un chaos de formes nouvelles, mais un *nombre restreint de types* bien déterminés *qui se répètent* aux diverses générations, en général.

Ce sont aussi les mêmes types qui se sont retrouvés dans des cultures ayant une autre origine [1].

Il est difficile, devant un exemple aussi net, d'échapper à la conclusion que les groupes de petites espèces polymorphes, telles qu'on les observe par exemple chez *Draba verna*, ou *Viola tricolor*, ont pour origine les mutations d'un type originel jouant le rôle qu'a ici *Œ. Lamarckiana*.

De Vries lui-même et d'autres, depuis l'époque où il a fait ces expériences, ont cité des exemples nouveaux de mutations semblables.

Un des plus intéressants a été rencontré chez la Pomme de terre ; il s'agit là d'une mutation dans la propagation par voie végétative.

62. Les Solanum. — Le genre *Solanum* auquel appartiennent nos Pommes de terre, est l'un des plus vastes du règne végétal. On y compte environ 900 espèces dont un bon nombre sont assez mal connues. Les plantes que leur organisation florale très uniforme a fait à bon droit réunir

1. L'une de ces cultures a été faite à partir de 1887 par semis des graines d'un fruit de *Lamarckiana* anormal, à cinq valves, récolté en 1886.

L'autre a été faite avec des graines venant de fruits de *Œ. lævifolia.*

dans ce genre présentent les modes de végétation les plus variés. Les unes, comme le *Solanum nigrum* de nos pays, sont des plantes herbacées annuelles ; d'autres, comme le *Solanum etuberosum* du Chili, vu et cultivé par Lindley, sont des herbes à rhizome souterrain et sans tubercules ; nos pommes de terre, qui sont peut-être dérivées d'un type de ce genre, en diffèrent par la propriété bien connue d'épaissir en tubercules charnus et farineux l'extrémité de leurs stolons souterrains ; notre Douce-amère indigène (*Solanum dulcamara*) donne un exemple de ces *Solanum* à tiges aériennes, ligneuses et lianoïdes dont il existe d'autres types ; on connaît enfin des *Solanum* tout à fait arborescents et d'autres, fort différents d'ailleurs de nos Pommes de terre, dont la racine principale est épaissie en un tubercule amylifère.

Les *Solanum* qui forment des tubercules sur leurs stolons souterrains nous intéressent spécialement. Ils semblent réaliser dans l'ensemble des *Solanum* un groupe homogène. Tous ont des tiges herbacées à feuilles pennatifides, dont les folioles sont souvent inégales. On en a décrit une quarantaine d'espèces qui se trouvent à l'état sauvage dans l'Amérique du Sud, l'Amérique Centrale et les États du Sud-Ouest de l'Amérique du Nord.

Deux de ces Pommes de terre sauvages ont tout spécialement été soupçonnées d'avoir des rapports étroits avec nos Pommes de terre cultivées : ce sont le *Solanum Commersonii* et le *Solanum Maglia*.

Le *Solanum Commersonii* se trouve à l'état sauvage dans l'Uruguay et les régions voisines, c'est-à-dire dans la partie est de l'Amérique du Sud. Il pousse en général sur les rives des ruisseaux, dans des stations humides. C'est une plante très stolonifère, pouvant donner des rejets loin de la souche principale et produisant des tubercules jaunâtres assez petits, à peau rugueuse, de saveur amère, très disséminés dans le sol. Les tiges aériennes sont peu élevées, portant des feuilles à folioles presque égales. Les fleurs ont un *calice à dents courtes* et au contraire une *corolle étoilée à divisions profondes*. Les fruits, très caractéristiques, au lieu d'être sphériques comme chez nos Pommes de terre, sont *en forme de cœur, un peu aplatis*, avec un double sillon médian. Ces caractères, qui se maintiennent généralement fort bien en culture, sont d'une netteté suffisante pour qu'on puisse reconnaître aisément cette espèce.

Le *Solanum Maglia*, au contraire du précédent, se trouve sur la côte occidentale de l'Amérique du Sud. Darwin, au cours de son voyage autour du monde, a trouvé cette Pomme de terre aux îles Chonos, dans un sable à coquillages, sur le bord même de la mer ; il l'a considérée comme le type sauvage de nos Pommes de terre cultivées. En fait, elle en diffère beaucoup moins que le *Solanum Commersonii*. Les fleurs ont, comme chez nos Pommes de terre cultivées, un calice à dents prolongées par une pointe en forme d'alène et une *corolle rotacée*, à incisions peu profondes. Les *fruits se forment rarement ;* ils sont de forme sphérique comme ceux de nos Pommes de terre. Malgré ces ressemblances, qui sont très importantes puisqu'elles portent sur les caractères le plus souvent utilisés par les botanistes, le *Solanum Maglia* est indubitablement distinct de nos Pommes de terre cultivées et l'on apprend vite à le reconnaître quand on le voit développé à côté d'elles. C'est une plante à tige assez haute, à feuillage vert clair, dont les folioles *peu nombreuses* ont un limbe *dissymétrique* qui se prolonge souvent par une aile adhérente au rachis principal de la feuille. Les tubercules portés en général sur de longs stolons sont *petits*, à peau lisse, *rougeâtres*, *à chair aqueuse*.

Les Pommes de terre cultivées, bien qu'elles comprennent de très nombreuses variétés, sont considérées par les botanistes comme appartenant à une seule espèce, le *Solanum tuberosum* et, la chose étant ainsi comprise, cette espèce n'est pas la plus aisée à définir. Le calice, la corolle, les fruits de toutes ces variétés sont en général conformes au type du *Solanum Maglia*. Les feuilles qui présentent le plus souvent de petites *foliolules* intercalées entre les folioles et *pas d'aile bien distincte* ou *bien constante* sur le rachis principal, les tubercules comestibles souvent ramassés près du pied, constituent des différences qui n'ont pas une très grande valeur systématique.

Jusqu'à présent, aucun type exactement conforme à celui de quelqu'une de nos variétés cultivées ne paraît avoir été trouvé à l'état certainement sauvage, ni au Chili, ni ailleurs. Après les longues controverses des botanistes qui ont étudié les herbiers des explorateurs, une seule chose paraît acquise : c'est qu'il existe à l'état sauvage des Pommes de terre comme le *Solanum Maglia* certainement *très voisines* de nos Pommes de terre cultivées mais qui, après examen attentif, ne se montrent jamais possibles à confondre avec elles.

Un certain nombre de tentatives ont été faites au cours du siècle dernier pour introduire et cultiver en Europe des Pommes de terre sauvages sud-américaines. Elles ont abouti à faire mieux distinguer et bien connaître des types sauvages comme le *Solanum tuberosum*, le *Solanum Maglia* ou le *Solanum Commersonii*, mais, en général ces types sauvages ont gardé en culture leurs caractères primitifs et sont restés bien distincts de nos *Solanum tuberosum*.

Dans ces dernières années seulement, M. Labergerie, M. Heckel, M. Planchon, et quelques autres ont annoncé que des types sauvages tels que *S. Commersonii* ou *S. Maglia* pouvaient donner naissance à des Pommes de terre comestibles ayant les caractères essentiels de nos *Solanum tuberosum*.

Dans les cultures faites, les transformations observées ne sont pas générales : les types sauvages gardent communément leur fixité ; ce sont seulement quelques plantes qui produisent des tubercules anormaux dont les descendants sont conformes au type *tuberosum*.

Ce n'est en particulier qu'en instituant des cultures étendues et en faisant l'étude attentive lors des arrachages que M. Labergerie a pu observer les nombreuses variations qu'il a fait connaître.

Les types obtenus par mutation sont très voisins et parfois presque identiques à des variétés de *Solanum tuberosum* depuis longtemps connues[1]. Aussi pourrait-on conclure de là que cette dernière espèce traditionnellement admise est un ensemble composite formé par les descendants de divers types sauvages adaptés aux conditions culturales.

L'existence de variations brusques a été depuis longtemps reconnue ou pressentie sur des exemples plus ou moins nets. Seulement la plupart des naturalistes n'y ont vu souvent qu'un cas incertain et exceptionnel de variation ; l'origine de nouvelles espèces apparaissait comme un *phénomène graduel*.

Cette vue était en particulier celle de Lamarck et de beaucoup de zoologistes français actuels qui se proclament ses disciples.

Malheureusement, aucune donnée expérimentale précise ne peut venir confirmer cette hypothèse tandis que de Vries donne des exemples de mutation brusque et une critique générale des faits

1. Cette ressemblance a suscité bien des controverses et la réalité des mutations gemmaires des *Solanum* sauvages a été mise en doute. D'un point de vue critique, il reste possible de soupçonner une erreur provenant d'un mélange de tubercules ou de l'existence dans le sol d'un germe ignoré. Pour ma part, je considère l'erreur comme très improbable ; les cultures de M. Labergerie sont faites avec beaucoup de soin ; les nouveautés qu'il a obtenues sont nombreuses et l'on trouve parmi elles des plantes qui n'ont aucun intérêt agricole, comme par exemple une très curieuse variété naine de *Solanum Maglia* produisant des tubercules peu nombreux, gros comme des noisettes.

qui porte à croire que cet exemple n'est pas isolé.

Il est difficile de ne pas concéder qu'il n'y a eu en général pour une espèce donnée qu'un petit nombre de formes d'équilibre possible, qu'une d'elles est généralement stable et que le passage à une autre est brusque s'il se produit.

63. Mécanisme de la mutation. — Comment concevoir le mécanisme de ces mutations? Il y a à cet égard deux hypothèses possibles qui correspondront demain à l'ancienne conception lamarckienne et à la vue opposée.

Giard expose la première. Pour lui, la naissance des espèces est bien en fait lente et graduelle; il ne faut pas se laisser illusionner par le changement brusque de caractères apparents. Il donne la comparaison suivante : quand on ajoute goutte à goutte un acide dans une solution alcaline de tournesol, l'alcalinité diminue sans cesse et l'*acidité* augmente *graduellement*, mais le *virage* se produit *brusquement* à un moment donné. Ainsi la mutation serait préparée par une période de transformation graduelle, en vérité peu accessible à l'expérience.

La seconde hypothèse consiste à penser que les plantes qui donnent une mutation ne diffèrent en rien de leurs ancêtres stables, mais qu'elles ont eu un accident inconnu qui a causé la mutation, par exemple l'atteinte d'un parasite[1]. Cette

1. Les résultats obtenus par Zeijlstra sur l'*Œnothora nanella* paraissent justifier cette vision prophétique. (*Biolog. Centralblatt*, XXI, 129; *Prc. Kon. Akad, Wet. Amsterdam* XIII, p. 680, 1910, 1911). (Note ajoutée pendant l'impression. Cost.).

conception ouvre de nouvelles voies à l'expérience, mais pour le moment on n'a pas de bons exemples de déviations parasitaires *héréditaires* dès l'abord.

CONCLUSION. — Quelle que soit l'hypothèse faite au sujet de l'origine des mutations, la transformation des espèces ne peut actuellement être mise en doute. Ajoutons que les idées transformistes donnent un moyen de s'orienter dans la solution d'une foule de problèmes; elles sont commodes et les recherches qu'elles suscitent sont fructueuses, ce qui est une raison de ne pas les abandonner.

Les vues darwiniennes ont rendu vraisemblable cette hypothèse que la terre a pu être initialement peuplée d'êtres très simples qui ont subi par la suite de multiples transformations.

L'origine de ces êtres les plus simples pose à son tour de nouveaux problèmes. On verra par l'étude de la physiologie quels sont les caractères distinctifs de la matière vivante; peut-être le saut à faire à partir de la matière dite inanimée pour passer à la matière vivante paraîtra un jour moins énorme qu'aujourd'hui.

D'ailleurs, le problème peut être extra-terrestre ; les germes de certains microbes résistent à des températures très basses ; ne pourraient-ils pas traverser les espaces interplanétaires et aller ainsi de planète en planète ? Arrhénius a donné au sujet de ce transport, de fort ingénieuses explications ; la vie serait alors un phénomène cosmique.

DEUXIÈME PARTIE

LES PLANTES SUPÉRIEURES

CHAPITRE VI

LES HÉPATIQUES ET LES MOUSSES (*Muscinées*).

DIVISION DES PLANTES SUPÉRIEURES

Toutes les plantes que je groupe sous ce titre : « *Plantes supérieures* » sont caractérisées par l'*alternance des générations* déjà indiquée. Dans leur cycle évolutif, deux organismes se succèdent :

1° Un *Sporophyte*, dérivé de l'œuf, produisant des spores, ayant des cellules à $2n$ chromosomes;

2° Un *Gamétophyte*, dérivé de la spore, produisant des œufs, ayant des cellules à n chromosomes.

D'après le développement relatif du gamétophyte et du sporophyte on peut distinguer dans l'ensemble des plantes supérieures deux grands groupes :

	Gamétophyte.	*Sporophyte.*
I. *Muscinées ou Bryophytes.*	Forme ce qu'on appelle « la plante » ; organisme vert, libre, muni de poils absorbants.	De taille réduite, vit en parasite sur le gamétophyte.
	Pas de racines. Pas de vaisseaux	Jamais de feuilles, ni de racines, ni de vaisseaux.
II. *Plantes vasculaires.*	Toujours peu développé et peu différencié. On l'appelle : « prothalle ».	Très hautement développé, constitue « la plante ».
		Pourvu de *racines, tiges, vaisseaux.*
	Libre ou parasite.	De bonne heure autonome.

64. Caractères généraux des Muscinées. — Les Muscinées sont des plantes de petite taille dont les dimensions varient, de quelques millimètres à quelques centimètres. Elles vivent sur les troncs d'arbres, les rochers, le sol ; le plus grand nombre de ces plantes habite les endroits humides et frais, ce qui laisse à penser qu'elles sont encore imparfaitement adaptées à la vie aérienne, et qu'elles ont pour ancêtres des Algues aquatiques.

Toutes présentent comme gamètes mâles des anthérozoïdes nus, libres et ciliés, qui ne peuvent atteindre l'oosphère qu'en nageant dans l'eau. Ces plantes sont donc encore nécessairement aquatiques, à un moment de leur vie : c'est l'époque de la reproduction sexuée, qui ne peut se faire que lorsque les plantes sont mouillées de l'eau des pluies ou des rosées.

Le sporophyte reste toujours de petite taille ;

on lui donne souvent le nom de *sporogone* chez les Mousses et les Hépatiques. Il vit constamment en parasite sur le gamétophyte. Les spores se forment à l'intérieur de cellules-mères qui sont de bonne heure différenciées en un tissu spécial d'aspect granuleux, l'*archesporium*, où les éléments cellulaires sont de grande taille.

Les Muscinées se divisent en deux classes : *Hépatiques* et *Mousses*, que j'étudierai en partant des types les plus simples.

A. — **Hépatiques.**

Les Hépatiques les plus simples, comme celles du genre *Riccia*, peuvent donner une idée de ce qu'étaient les ancêtres les plus primitifs des Plantes supérieures.

65. Étude de Riccia. — 1° *Gamétophyte.* — La spore germe et donne une rosette de quelques millimètres (fig 11, A à C) ; chaque élément de la rosette ressemble au prothalle d'une Fougère, mais il en diffère par deux épaississements médians qui simulent deux nervures.

Ce gamétophyte produit des organes sexuels de deux sortes : anthéridies et archégones, à peu près semblables à ceux des Fougères, formés cependant à la face supérieure du thalle, dans de petites cavités.

L'anthéridie (fig. 11, D, E) est un sac piriforme dont l'enveloppe est faite d'une seule assise de cellules stériles ; à l'intérieur se trouvent les cellules-mères d'anthérozoïdes. Ces derniers sont plus simples que chez les Fougères ; ils sont très petits, un peu arqués et ne portent que deux cils (fig. 11, F).

L'archégone (fig. 11, G à J) a un col long (caractéristique chez les Muscinées), un ventre renflé. On trouve, dans la partie renflée, une seule oosphère, et, dans le canal, du mucus. Chez les *Riccia*, les archégones sont disposées en file sur la partie médiane, épaissie, de chaque lobe.

La fécondation se fait comme chez les Fougères ; l'œuf se forme sur place dans l'archégone.

2° *Sporophyte.* — Le sporophyte des *Riccia* est d'une très grande simplicité : c'est une petite sphère où se différencient une paroi stérile d'une seule assise de cellules, et, à l'intérieur, des cellules-mères de spores.

Ce sporophyte vit en parasite sur le gamétophyte ; en effet, l'œuf est resté dans l'archégone dont le ventre se distend, le jeune embryon est inclus dans le gamétophyte ; à la mort de celui-ci, le sporophyte devient libre et les spores sont mises en liberté (fig. 11, K, L).

Les *Riccia* sont les plus simples des Hépatiques ; les autres sont plus compliquées, soit parce que le gamétophyte, peu différencié, est cependant étendu, et plus épais que chez Riccia (Marchantiales), soit parce que le gamétophyte, resté mince, rappelle par sa forme extérieure la tige et les feuilles des Mousses (Jungermanniales).

66. Marchantiales. — Le gamétophyte garde la

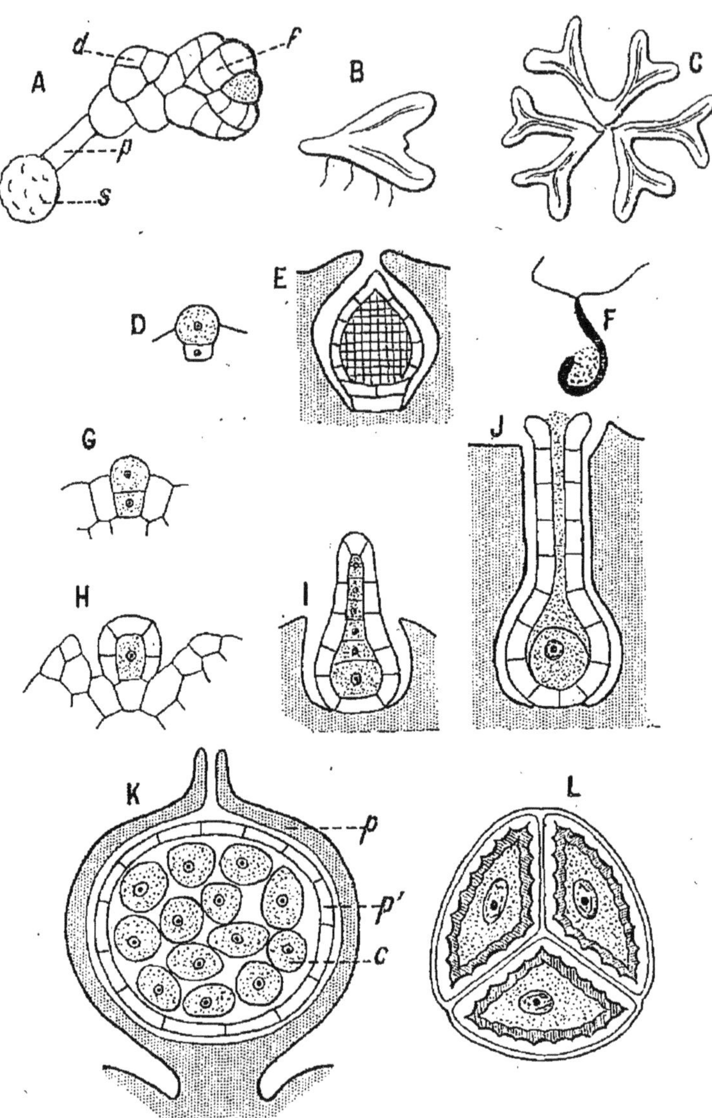

Fig. 11. — *Riccia*.

A, germination de la spore : *s*, spore ; *p*, proembryon ; *d*, disque germinatif ; *f*, première fronde. — B et C, développement du gamétophyte. — D et E, développement de l'anthéridie. — F, anthérozoïde. — G à J, développement de l'archégone. — K, sporophyte : *p*, paroi distendue de l'archégone ; *p'*, paroi du sporogone ; *c*, cellule mère des spores. — L, isolement des spores en tétrades.

forme d'un thalle ; c'est généralement une feuille verte appliquée sur le sol et qui se ramifie dichotomiquement en formant un système de branches ou *frondes*. Chacune d'elles s'accroît par les divisions répétées d'une cellule apicale (fig. 12, A) (ou d'une rangée de cellules apicales).

La forme extérieure du gamétophyte reste donc très simple, mais par contre sa structure présente une complexité particulière à ce groupe et relativement très grande.

Les cloisonnements répétés de la cellule apicale aboutissent à la formation de deux séries de segments qui, en multipliant leurs cellules dans la région profonde contribuent à accroître le thalle en épaisseur. La face supérieure du thalle est couverte par un tissu aérifère spongieux.

A la face inférieure, il se forme des écailles lamelleuses réduites à une assise de cellules qui protègent plus ou moins le sommet végétatif.

Chez des types comme *Fegatella conica*, la différenciation des tissus est poussée beaucoup plus loin que chez *Riccia*. Le tissu aérifère de la face supérieure se compose d'un grand nombre de chambres, recouvertes par une sorte de toit qui s'interrompt seulement en son centre par un orifice circulaire (*ostiole*) (fig. 12, C, D, E). Au fond de chaque chambre poussent des poils chlorophylliens. Ces chambres à air sont visibles à la loupe; la surface supérieure du thalle paraît découpée en losanges, et au centre de chacun d'eux est un pore.

Il est fort curieux de trouver ici une disposition largement comparable à celle des *stomates* et du *parenchyme à méats* des plantes les plus différenciées, disposition *analogue* mais non de même origine quoique son importance physiologique soit la même.

Le thalle est fixé au sol par des rhizoïdes de deux sortes. Les uns sont à parois lisses, c'est la forme embryonnaire ; on peut les comparer à des poils radicaux, organes d'absorption et de fixation.

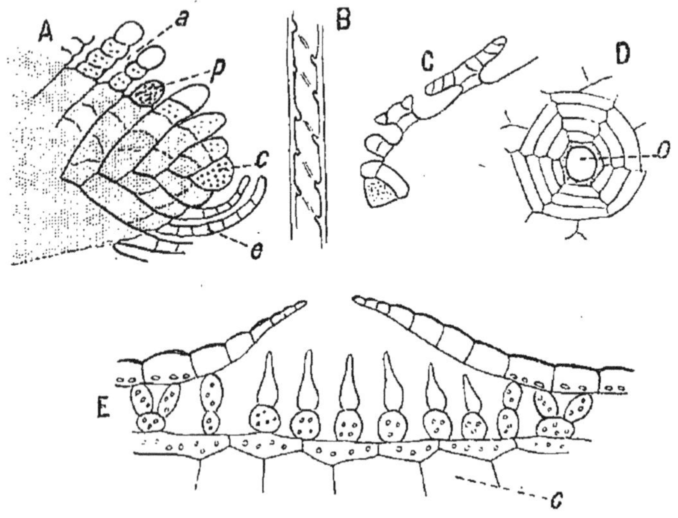

Fig. 12. — Marchantiales.

A, coupe schématique d'un thalle : *c*, cellule apicale ; *p*, papille devant évoluer en archégone ou en anthéridie ; *a*, cavité aérifère ; *e*, écailles ventrales. — B, rhizoïde à épaississement. — C, coupe de chambres aérifères (*Fegatella conica*). — D, vue de face d'une chambre aérifère : *o*, ostiole (*Fegatella conica*). — E, détail d'une chambre aérifère de *Fegatella conica* ; à l'intérieur de la chambre aérifère, on voit les poils chlorophylliens ; *c*, cellules à amidon.

D'autres rhizoïdes, plus complexes, se réunissent en faisceaux compacts qui longent la surface inférieure du thalle (fig. 12, B) : ils conduisent l'eau par capillarité comme une mèche de lampe conduit l'huile, et ils réalisent un véritable système physiologique de *vaisseaux*.

Ce thalle, hautement différencié, est de plus vivace.

Sa propagation asexuelle peut se faire par bouturage de petits fragments ; certaines des vieilles frondes peuvent aussi donner des tubercules dont la surface est cuticularisée ; on y a souvent trouvé en abondance des champignons endophytes.

67. **Jungermanniales.** — Les Jungermanniales présentent avec les Marchantiales un frappant contraste. La *structure du gamétophyte est toujours d'une grande simplicité.* Souvent ce gamétophyte est réduit, au moins sur ses bords latéraux, à une seule assise de cellules vertes toutes semblables les unes aux autres, mais même lorsqu'il est plus épais il ne présente pas de différenciation histologique notable : ni chambres à air, ni ostioles, pas de rhizoïdes complexes.

Mais si on ne trouve dans la série des Jungermanniales aucune complication de structure, on y trouve en revanche une complication graduelle de la forme que les Marchantiales ne présentaient pas.

Chez les Jungermanniales les plus simples, le gamétophyte est encore en forme de thalle à frondes rampantes souvent dichotomes (*Pellia epiphylla*) ; mais les plus complexes présentent régulièrement l'apparence d'une tige feuillée, dorsiventrale, pouvant réaliser, par l'arrangement et la disposition de ses feuilles, de remarquables adaptations.

Beaucoup de Jungermanniales ont adopté la

vie épiphyte et sont exposées à des périodes de dessiccation ; en ce sens leur mode de vie est très différent de celui de la plupart des Marchantiales vivant dans les lieux humides, presque à la manière des Algues.

Le risque de dessiccation est ici d'autant plus grand que les tissus sont plus délicats. Chez beaucoup de *Frullania*, certains lobes de la feuille se replient et se transforment en urnes pleines de liquide ; il se fait ainsi une réserve d'eau au-dessous de chaque lobe vert de feuille.

C'est donc suivant un mode tout différent que l'évolution s'est faite dans les groupes des Marchantiales et des Jungermanniales, qu'on doit considérer comme formant deux phylum distincts de bonne heure dans l'arbre généalogique des Bryophytes.

B. — **Mousses**.

Les Mousses sont, à tous points de vue, plus compliquées que les Hépatiques.

68. Gamétophyte. — Qu'il se forme à partir de spores ou à partir de propagules asexuels, le gamétophyte montre toujours un stade embryonnaire simple pendant lequel il est réduit à un système de filaments : le *protonema* (fig. 13, A). C'est la forme juvénile du gamétophyte[1].

Sur ce protonema naissent des bourgeons (*b*)

1. Chez des Jungermanniales épiphytes apparait déjà un stade embryonnaire du gamétophyte ; il y a constitution d'un protonema confervoïde sur lequel apparaissent de courtes tiges feuillées portant des organes sexuels.

donnant des tiges feuillées qui poussent souvent en touffes ; elles représentent la forme adulte du gamétophyte. A l'extrémité de certaines tiges on voit apparaître de petites collerettes de feuilles au centre desquelles naîtront les organes sexuels. Ceux-ci sont analogues aux organes sexuels des Hépatiques.

Une *anthéridie* est un sac très allongé avec une enveloppe stérile et, au centre, les cellules mères d'anthérozoïdes donnant les gamètes mâles. Les gamètes femelles ressemblent à ceux de *Riccia ;* l'archégone n'est cependant pas enfermé dans une cavité comme chez *Riccia.*

La structure du gamétophyte est toujours simple ; les feuilles sont formées d'une seule assise de cellules, sauf dans la région médiane un peu épaissie qui simule une nervure. Les tiges n'ont pas de vaisseaux ; quelquefois au centre, il y a cependant quelques cellules allongées, mais les parois restent minces.

69. **Sporophyte.** — Le sporophyte, encore ici appelé *sporogone*, se forme à partir de l'œuf, au fond d'un archégone et il se développe en parasite sur le gamétophyte (fig. 13, B). L'œuf fécondé s'allonge, donne un petit filament semblable à une épingle. Cet embryon reste d'abord enfermé dans l'enveloppe de l'archégone qui se distend, sa paroi formant comme une sorte de pellicule (fig. 13, C). L'archégone reste en place et l'embryon a l'air d'être piqué au centre de la collerette de feuilles du gamétophyte. Il met souvent des mois à se développer.

Typiquement, le sporogone est formé d'une *soie* ou *pied* (fig. 13, E) et d'une *capsule*, comme celui des Hépatiques, mais la similitude de ces désignations, dans les deux cas, ne doit

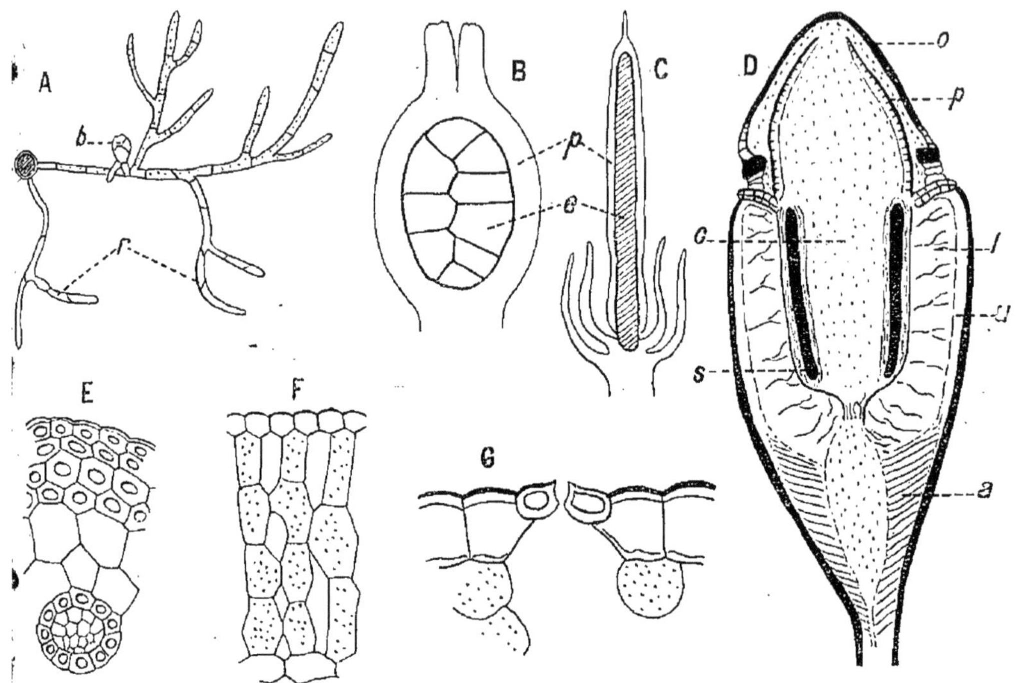

Fig. 13. — Mousses.

A, protonema de *Funaria hygrometrica* : *s*, spore ; *r*, rhizoïdes ; *b*, bourgeon. — B et C, développement de l'embryon dans l'archégone : *p*, paroi de l'archégone ; *e*, embryon. — D, coupe dans un sporogone adulte : *o*, opercule ; *p*, péristome ; *u*, paroi de l'urne ; *l*, lacunes ; *s*, assise de spores entourée de son double sac ; *c*, columelle ; *a*, parenchyme chlorophyllien de l'apophyse. — E, coupe transversale de la soie. — F, parenchyme chlorophyllien de l'apophyse. — G, stomate.

pas tromper : ce n'est qu'une convergence de formes.

Chez les Hépatiques, la soie s'allonge vite, a une existence transitoire et est bientôt flétrie. Chez les Mousses, elle se forme d'une manière progressive par des cloisonnements longtemps prolongés, l'embryon ayant d'abord une forme allongée et la capsule s'y indiquant tardivement. Le sporogone des Mousses est capable d'assimilation ; dans un grand nombre d'espèces on peut voir des stomates à la base de la capsule (fig. 13, G).

A ce niveau se trouve une zone qui, dans le jeune âge, a un diamètre plus grand que la capsule : c'est l'*apophyse* (fig. 13, D, *a*), région plus ou moins spécialisée, qui a souvent un rôle assimilateur particulier ; les stomates et le tissu chlorophyllien y sont plus développés qu'ailleurs (fig. 13, F).

70. Coupe dans un sporogone adulte (fig. 13, D). — Les cellules mères des spores forment comme un tonnelet (fig. 13, D, *s*) ; la région axiale de ce tonnelet reste stérile : c'est la *columelle* (D, *c*). Sur le pourtour du tonnelet, une lacune, puis viennent les parois de l'urne, épaissies, de structure compliquée.

A la partie supérieure de l'urne, un *opercule* (D, *o*). Au-dessous, chez beaucoup de Mousses, quelques assises de cellules se dessèchent, se séparent, forment de petites dents : c'est le *péristome* (D, *p*).

Lorsqu'il est mûr, le sporophyte est encore fixé sur la tige où il est né ; la paroi de l'archégone qu'il a déchirée ne persiste plus qu'à la base, et au sommet où elle forme la *coiffe*. Au moment de la déhiscence, la coiffe se détache, les dents du péristome s'écartent et les spores sont mises en liberté.

TABLEAU-RÉSUMÉ

	Hépatiques.	*Mousses.*
Gamétophyte.	Symétrie bilatérale.	Symétrie axiale ; feuilles ayant une nervure ; toujours un *protonema.*
Sporophyte.	*Sporogone* simple, fugace, à développement rapide.	*Sporogone* à développement lent ; souvent un péristome ; structure complexe.

CHAPITRE VII

CARACTÈRES GÉNÉRAUX DES PLANTES VASCULAIRES

Comme les Muscinées, les Plantes vasculaires présentent encore une alternance de générations : deux sortes d'organismes se succèdent, homologues du sporophyte et du gamétophyte des Muscinées. Mais ici, le gamétophyte est de dimensions restreintes et dure peu ; le sporophyte prend au contraire une importance considérable.

Né sur un gamétophyte et d'abord parasite sur lui, le sporophyte s'affranchit de bonne heure pour mener une vie autonome. Il développe des organes végétatifs : *tiges feuillées* et *racines* d'une grande complication morphologique et d'une haute différenciation histologique.

Les tiges feuillées se sont différenciées en vue de la nutrition aérienne, par la présence de la *chlorophylle* dans leurs tissus, par les *stomates* de l'épiderme.

Les racines, fixatrices, sont des membres différenciés pour l'absorption des liquides dans le sol. Le *système conducteur*, bien visible dans les nervures des feuilles mais continu dans tout le corps de la plante, est un appareil circulatoire cellulaire comprenant, comme éléments essentiels, deux sortes de vaisseaux dont le développement est simultané et les fonctions corrélatives :

1° *Vaisseaux lignifiés*, parfaits ou imparfaits, renfermant une sève aqueuse saline.

2° *Tubes criblés*, cellulosiques, à parois persistantes, et dont la sève cellulaire contient une solution aqueuse de substances albuminoïdes ou hydrocarbonées.

Ainsi se trouve justifié le nom de Plantes vasculaires.

En même temps que ce développement des tissus végétatifs est précoce et considérable, le tissu sporifère du sporophyte est tardif et réduit. Les spores se forment dans des sporanges produits par des feuilles fertiles.

Les Plantes vasculaires forment un groupe immense dont l'importance est prépondérante dans la flore terrestre depuis les temps primaires jusqu'aux temps modernes.

Les données qu'on possède aujourd'hui sur l'évolution des Plantes vasculaires se fondent en première ligne sur une analyse minutieuse de leur mode de reproduction. Elle a été pour la première fois posée, sous une forme coordonnée, par Hofmeister en 1850.

Cette analyse sera faite pas à pas, en étudiant les subdivisions des Plantes vasculaires. Dès à présent, distinguons :

I. Les Plantes vasculaires *à gamétophyte libre* : Cryptogames vasculaires ou Ptéridophytes.

II. Les Plantes vasculaires à *gamétophyte parasite sur le sporophyte.*

Ce dernier groupe porte le nom de *Phanérogames* (Plantes à graines).

Les Phanérogames comprennent : les Gymnospermes (Plantes à graines nues) et les Angiospermes (Plantes à graines dans un fruit).

Avant l'étude détaillée de ces groupes, nous examinerons la constitution de l'*appareil végétatif* du sporophyte et son perfectionnement graduel.

LE SPOROPHYTE DES PLANTES VASCULAIRES

Le sporophyte des plantes vasculaires a une forme complexe et variable d'un groupe à l'autre; cependant une étude attentive du développement des diverses parties du sporophyte permet de distinguer : la *tige feuillée* et les *racines*.

A. — Caractères morphologiques généraux du sporophyte.

71. La tige feuillée. — Une tige feuillée dérive d'un *îlot méristématique terminal.* Sur les flancs de cette région méristématique en coupole. les rudiments de feuilles apparaissent comme de petits bourrelets exogènes (fig. 14).

Pendant leur premier développement les jeunes feuilles protègent le méristème et constituent ce que l'on appelle un « bourgeon terminal ».

Au-dessous de la région méristématique, on trouve une région de croissance plus ou moins étendue (fig. 14) ; les plans d'insertion des feuilles sur la tige sont les *nœuds* et l'on appelle *entre-nœuds* les parties de la tige comprises entre les nœuds. Les feuilles, écartées les unes des autres, se trouvent disposées en spirales (fig. 15, A, B)

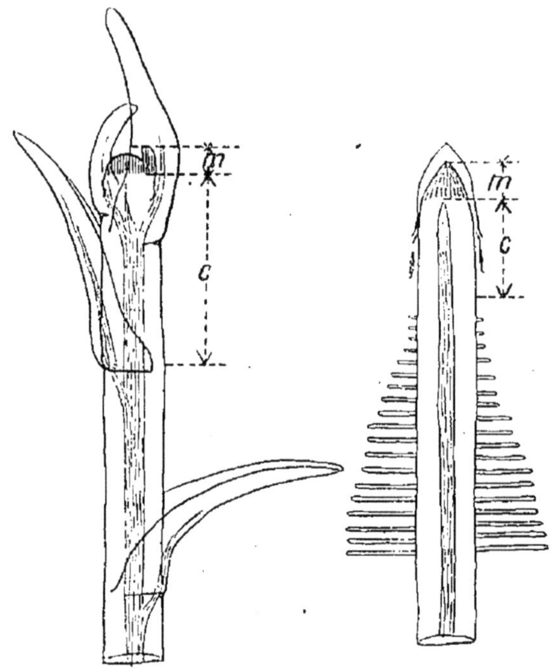

Fig. 14. — Diagramme montrant l'analogie de la disposition des diverses zones dans la tige et la racine.

m, zone méristématique. — *c*, zone de croissance, en bas sont les poils absorbants.

ou en verticilles (fig. 15, C, D, E), ces deux dispositions, dont la première est la plus simple et sans doute la plus primitive, pouvant se succéder au cours du développement d'une même tige feuillée.

Les jeunes tiges sont vertes, au moins dans

leur partie périphérique limitée par un épiderme stomatifère, c'est-à-dire qu'elles ont les caractères déjà trouvés dans le sporogone des Mousses. Ici, la faculté assimilatrice est largement accrue par le développement des feuilles qui sont en général entièrement composées de parenchyme vert, à l'exception de l'épiderme et des nervures.

A quelques entre-nœuds au-dessous du sommet la croissance cesse ; les entre-nœuds gardent dès lors une longueur invariable et prennent leurs caractères histologiques essentiels. Beaucoup de tiges restent dès lors immuables ; quelques-unes peuvent encore cependant accroître leur diamètre dans les régions où la croissance en longueur est terminée. Cet épaississement tardif s'accompagne de crevassement et de cicatrisation de l'écorce (Plantes ligneuses).

FEUILLES. — L'apparition des feuilles est une particularité nouvelle, si nous comparons la tige feuillée au sporophyte simple des Muscinées.

Il est vraisemblable que ces feuilles ont d'abord été de simples expansions latérales de la tige, de dimensions réduites. C'est ce qu'on voit chez les Lycopodes (fig. 15, F) et leurs alliés fossiles que nous considérons, pour des raisons multiples, comme les plus simples des plantes vasculaires.

Le grand développement du feuillage a été cependant un phénomène très ancien. Dans les terrains primaires, on trouve à côté de plantes à feuilles simples uninervées, d'autres plantes qui ont déjà des feuilles extérieurement aussi compliquées que celles de nos Fougères actuelles.

Parmi ces plantes à large feuillage doit se trouver l'origine de nos végétaux modernes.

On peut acquérir une idée sur le développement de ce feuillage en étudiant la formation des feuilles de nos Fougères actuelles dont la

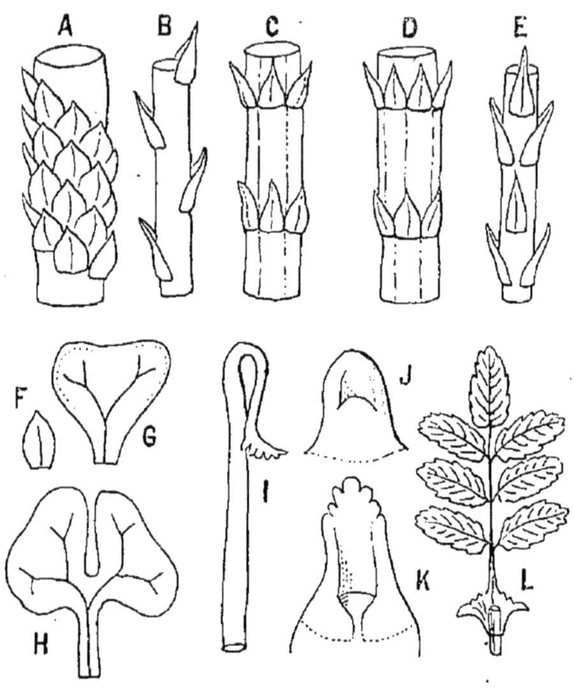

Fig. 15. — Feuilles.

A, B, C, D, E, disposition des feuilles (schéma). — F, feuille de *Lycopode*. — G, H, I, jeunes feuilles de Fougères (d'après Gœbel). — J, K, L, développement d'une feuille de *Sanguisorba officinalis* (d'après Trécul).

constitution est relativement simple et uniforme (fig. 15, G à I).

Le fait essentiel est une *croissance marginale précoce de la feuille*, accompagnée de la division dichotomique des nervures. Si cette croissance marginale est uniforme, la feuille se développe en éventail et elle est rattachée à la tige par une partie mince ; celle-ci, par un accroissement tardif, donnera un pétiole tandis que la région élargie forme le limbe.

Si le méristème terminal cesse de fonctionner en certains points, il en résulte une ramification. La fréquence de la nervation dichotomique (fig. 15, G, H) dans les feuilles des Fougères les plus anciennes laisse supposer que cette croissance marginale a eu une importance prépondérante.

Dans les feuilles adultes des Fougères modernes le développement est longtemps prolongé et débute par la formation d'un pétiole à croissance terminale.

Chez les Plantes à fleurs, le développement des feuilles est généralement rapide et leur existence plus ou moins éphémère ; les formes adultes, comme les modes de développement, sont assez variés.

Quelle que soit la complexité d'une feuille adulte, elle dérive d'une *ébauche simple* (fig. 15, J. K.) *et unique, à symétrie bilatérale*. Cette symétrie persiste plus ou moins dans les feuilles adultes (fig. 15 L) ; ce sont, dès l'origine, des organes aplatis formés de deux moitiés symétriques. On distingue une face *interne* qui deviendra *supérieure* et une face *externe* qui deviendra *inférieure*.

Tandis que la tige est susceptible d'avoir un accroissement prolongé, les feuilles prennent le plus souvent, après un temps assez court, la taille et la forme qu'elles garderont ; leur croissance est limitée ; elles n'ont jamais de période d'épaississement tardif bien sensible.

72. **Racines.** — Les racines se distinguent essentiellement des tiges parce qu'elles ne portent pas de feuilles et parce que leur méristème est protégé par une *coiffe*. Ce méristème, au lieu de rester nu et strictement terminal, produit, par des îlots externes de ses cellules apicales, un tissu dont les cellules s'accroissent précocement, formant un bonnet protecteur qui supplée physiologiquement les feuilles protectrices du bourgeon terminal de la tige (fig. 14 à droite). Ce tissu est fugace et se régénère sans cesse à la pointe de la racine tandis que ses parties externes et latérales s'exfolient, laissant au-dessus de la pointe le corps de la racine à nu. Après la région méristématique se trouve, comme dans la tige, une région de croissance généralement courte.

Dans la région d'active différenciation histologique, des cellules superficielles, régulièrement réparties à la surface, s'allongent en poils absorbants (fig. 14, à droite, en bas du dessin).

Il n'y a pas de nœuds et d'entre-nœuds, pas de croissance intercalaire par conséquent. Mais, après la fin de la période de croissance, chez les végétaux qui épaississent leur tige, les racines s'épaississent aussi, par un mécanisme analogue.

B. — **La ramification.**

Tandis que le sporogone des Muscinées reste toujours simple, les tiges feuillées et les racines des Plantes vasculaires *se ramifient*, et c'est là un caractère constant des progrès du sporophyte.

La ramification des tiges, chez les plus simples des Plantes vasculaires, se fait suivant un mode primitif : elle est *dichotomique*, un méristème terminal se partageant en deux lots qui s'individualisent chacun en une branche (fig. 16, A).

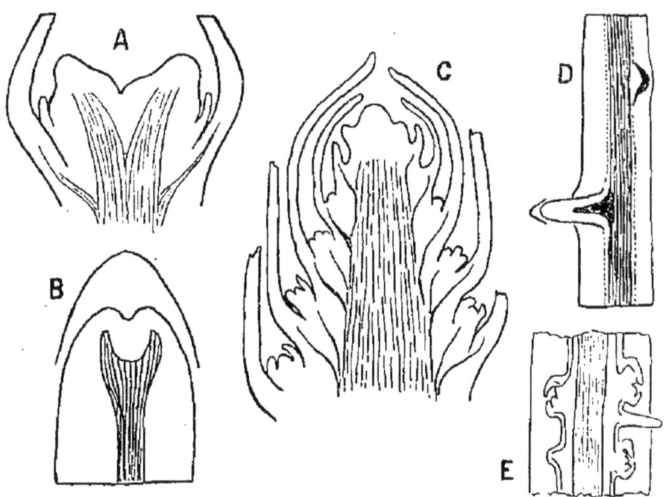

Fig. 16. — Ramification.

A, B, ramification dichotomique (A, tige ; B, racine). — C, ramification par bourgeons axillaires exogènes. — D, ramification endogène des racines. — E, naissance simultanée de bourgeons endogènes et de radicelles sur une racine d'Alliaire (d'après Van Tieghem).

Chez les Plantes vasculaires les plus évoluées (Phanérogames et surtout Angiospermes), la capacité de ramification devient considérable par la formation régulière de *bourgeons exogènes axillaires*, au niveau des nœuds (fig. 16, C). Sur des parties adultes de tiges ou même de racines, des *bourgeons adventifs* peuvent se former par régénération ; ils sont généralement endogènes (fig. 16, E) ; ce mode pratiquement important est théoriquement un mode dérivé.

Pour les racines comme pour les tiges, la ramification dichotome paraît être primitive ; on l'observe aussi chez les plus simples des Plantes vasculaires (fig. 16, B). Les radicelles naissent, comme les bourgeons adventifs, aux dépens de tissus profonds ; elles ont une origine endogène et percent l'écorce de la racine pour sortir (fig. 16, D.)

C. — **Modes de végétation du sporophyte.**

Le sporophyte non ramifié des Muscinées dérive du fonctionnement d'un méristème unique ; il est, comme on dit, *monopodial* et *annuel*.

Chez le plus grand nombre des Plantes vasculaires, le sporophyte est *vivace ;* spécialement chez les plus simples d'entre elles (Ptéridophytes), l'état annuel du sporophyte reste exceptionnel. On peut imaginer qu'il en a été de même aux périodes géologiques antérieures à la nôtre. Il est rationnel d'admettre que le sporophyte, en s'affranchissant du gamétophyte, est passé de l'état annuel à l'état vivace.

Le cas le plus simple, le plus proche de celui des Muscinées, est celui où la tige primaire a elle-même un développement peu prolongé, souvent annuel, mais où le sporophyte est perpétué par un rameau de second ordre, de durée également limitée, et auquel pourra faire suite un rameau de troisième ordre ; ainsi de suite, jusqu'à ce que la plante périsse après avoir produit ses spores.

Le sporophyte se perpétue alors par succession de rameaux éphémères ; c'est le mode de végétation *sympodiale* (fig. 17, A). Ce type se rencontre, en particulier, souvent chez les plantes à tiges souterraines, ou *rhizomes* (Sceau de Salomon). Les rameaux dressés de ces sympodes peuvent avoir une ramification monopodiale ou sympodiale.

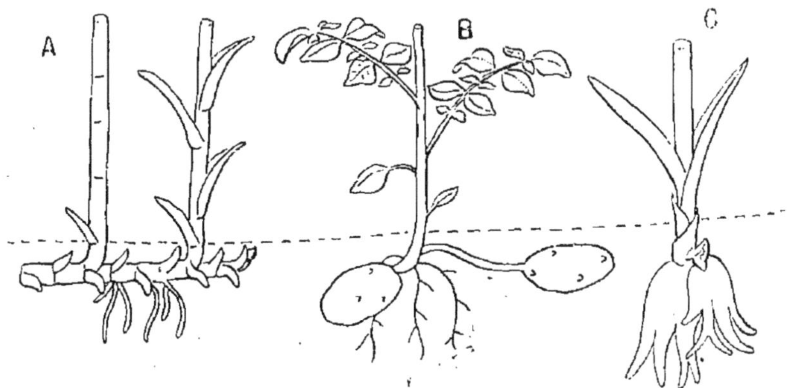

Fig. 17. — Rhizomes et tubercules.

A, schéma d'une plante à rhizome. — B, C, schéma de plantes à tubercules (B, Pomme de terre; C, Orchis).

Le mode sympodial se présente encore, avec une variante, dans les plantes à *tubercules* (Pomme de terre, Ophrydées) (fig. 17, B, C).

La végétation monopodiale peut concorder avec l'état vivace ; le cas est alors plus compliqué, car c'est celui de la croissance prolongée d'une même tige, ramifiée ou non : plantes à rhizomes : Ophioglosse, ou plantes arborescentes : *Cycas*, Palmiers, etc.

C'est suivant ce mode que se sont constituées, autant qu'on sache, la plupart des plantes arborescentes fossiles, et les plantes arborescentes modernes à ramification variée.

L'état monopodial annuel a été encore réalisé par bien des végétaux divers, surtout chez les Phanérogames ; certains Pavots, dont la tige non ramifiée se termine par une seule fleur, en donnent un excellent exemple ; mais ce cas, apparemment très simple, est plutôt secondaire que primitif.

D. — Anatomie du sporophyte.

73. Le bois et le liber. — Les éléments histologiques les plus caractéristiques sont les *vaisseaux* qui comprennent les vaisseaux ligneux et les tubes criblés, ou vaisseaux *du bois* et vaisseaux *du liber.*

VAISSEAUX LIGNEUX. — Qu'ils soient parfaits ou imparfaits, la paroi de ces vaisseaux porte en général des ornements dus au dépôt interne de lignine ; la phloroglucine en solution chlorhydrique colore en rouge la lignine et permet d'en révéler la présence.

Les épaississements de la paroi peuvent former une spirale plus ou moins lâche : *vaisseaux spiralés*. Ils se différencient les premiers lorsque les cellules sont encore en voie de croissance, et presque en même temps que les *vaisseaux annelés*, dont ils diffèrent peu.

Dans les vaisseaux qui ont cessé de s'accroître, les dépôts sont variés : vaisseaux *scalariformes*, vaisseaux *réticulés*, vaisseaux *ponctués*. Chez ces derniers, la paroi est presque uniformément épaissie en tous ses points ; il ne reste plus que de petites ponctuations minces, ordinairement circulaires ou elliptiques, et qui peuvent être assez compliquées ; c'est le cas pour les ponctuations *aréolées* des Conifères.

TUBES CRIBLÉS. — Les tubes criblés dérivent aussi de cellules allongées ; jeunes, ils ont une membrane épaisse, réfringente, paraissant brillante au microscope (cellules nacrées) ; plus tard, la membrane s'amincit en restant cellulosique. Sur les parois latérales, comme sur les cloisons transverses, il persiste des plaques grillagées qui portent le nom de *cribles*. Les jeunes tubes criblés servent ainsi effectivement au transport de la sève ; quand ils deviennent plus âgés, les ouvertures des cribles se bouchent par dépôt de *callose*[1].

Les vaisseaux lignifiés sont entremêlés avec les cellules lignifiées, l'ensemble forme *le bois*. Les tubes criblés sont entremêlés avec des cellules parenchymateuses à parois cellulosiques et l'ensemble forme *le liber*.

L'étude des dispositions des faisceaux, des modes de différenciation du bois et du liber est l'objet essentiel de l'anatomie.

Afin d'orienter cette étude dans un sens évolutionniste, il est important de commencer par la racine dont la structure, au début du développement, très uniforme chez les Plantes vasculaires, représente sans doute un type primitif de structure qui s'est conservé là.

1. Le rôle de la callose peut être transitoire.

74. Anatomie d'une jeune racine. — Faisons une coupe longitudinale dans une jeune racine; vers l'axe, nous distinguons un petit faisceau arrondi de cellules plus petites et plus allongées que celles qui les entourent. A l'origine donc, un *seul faisceau central primitif*. Il y a, plus tard, apparition de nombreux pôles ligneux et, entre eux, des pôles libériens en alternance; la structure est symétrique par rapport à un axe.

Le faisceau primitif ainsi différencié porte le nom de *cylindre central*; à la périphérie de ce cylindre on voit une assise de cellules de parenchyme presque embryonnaire — c'est le *péricycle*. Les îlots ligneux sont appliqués contre le péricycle et ils sont formés de vaisseaux de plus en plus gros en allant vers le centre. Souvent les îlots ligneux confluent par leurs bords, d'où la formation d'une sorte d'étoile à pointes extérieures séparant les îlots libériens (fig. 18, A et B).

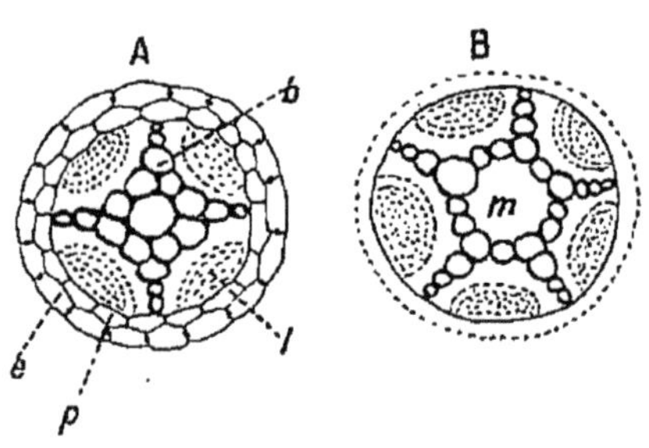

Fig. 18. — Racines de *Gleichenia* et de Ficaire.

A, coupe du cylindre central enveloppé par l'endoderme (*Gleichenia*) : *e*, endoderme; *p*, péricycle; *l*, liber; *b*, bois. — B, coupe du cylindre central (Ficaire) : *m*, moelle.

Écorce. — Autour du cylindre central, se trouve une écorce très développée par rapport à ce cylindre. De l'extérieur à l'intérieur, on trouve : 1° une assise de cellules prolongées en poils absorbants : *assise pilifère*; 2° une ou plusieurs assises de *cellules subéreuses*, à parois minces imprégnées de subérine ; l'assise subéreuse protège la racine après la chute de l'assise pilifère ; 3° le *parenchyme cortical*, où l'on peut généralement distinguer une partie externe formée de cellules irrégulièrement disposées, et une partie interne dont les cellules, en files radiales, laissent entre elles des méats.

La dernière assise de l'écorce a une position et une structure caractéristiques : c'est *l'endoderme* (fig. 18, A, *e*) ; ses cellules alternent avec celles du péricycle. Généralement les parois latérales des cellules de l'endoderme sont lignifiées.

Cette structure « primaire » de la racine est uniforme chez toutes les Plantes vasculaires.

75. Anatomie de la tige feuillée. — Au point de vue anatomique la tige est, comme la racine, formée d'un cylindre central, ou *stèle*, et d'une *écorce ;* au voisinage de la stèle, l'écorce se limite par un endoderme dont les cellules ont des réserves amylacées. A l'extérieur, l'assise protectrice est l'*épiderme*, stomatifère, ordinairement incolore. Entre l'épiderme et l'endoderme, le parenchyme est, le plus souvent, vert.

Les feuilles sont, originairement, des appendices de la tige ; il n'y a pas de stèle dans une feuille, mais des *nervures*, et le système libéro-ligneux est ici une dépendance de celui de la tige. *Les deux systèmes sont au reste corrélatifs quant à leur développement ;* c'est un point de vue à ne pas perdre, car si l'évolution anatomique de la tige est plus complexe que celle de la racine, cela tient en grande partie aux perturbations apportées dans le système libéro-ligneux de la tige par le grand développement du système libéro-ligneux foliaire à mesure que les feuilles sont devenues de plus grande taille ou de plus haute différenciation.

LA FEUILLE. — Faisons une coupe, au sommet d'une tige jeune, dans la jeune feuille qu'elle porte. Dès son apparition, la feuille possède une symétrie bilatérale par rapport à un plan passant par l'axe de la tige. Elle est d'abord formée de cellules embryonnaires, mais de bonne heure il se constitue un faisceau procambial dans lequel des vaisseaux prendront naissance. Les jeunes faisceaux qui apparaissent sont disposés symétriquement par rapport à un plan médian ; si, plus tard, la symétrie de la forme disparaît, la symétrie de structure persiste en général et permet de reconnaître le caractère foliaire.

Dans une feuille adulte, il faut distinguer une face supérieure et une face inférieure. Le limbe présente généralement l'anatomie suivante : le *parenchyme chlorophyllien*, formé de cellules à chlorophylle, des *faisceaux* dérivant des faisceaux procambiaux et *deux épidermes :* un supérieur, l'autre inférieur.

L'épiderme supérieur est formé de cellules sans chlorophylle dont les parois externes sont épaissies et imprégnées de *cutine ;* aussi la face supérieure de la feuille a-t-elle généralement un aspect brillant.

L'épiderme inférieur a une constitution quelque peu analogue, mais en général peu de cutine.

C'est dans cet épiderme que se différencient les STOMATES.

Un stomate est formé de deux cellules appliquées l'une contre l'autre en laissant une ouverture médiane ; ces cellules à contours arrondis ont une forme caractéristique, et elles *renferment de la chlorophylle*.

Le *parenchyme chlorophyllien* peut être formé de cellules toutes semblables. Très souvent, dans la partie supérieure, elles sont allongées et disposées en palissade (*parenchyme palissadique*) ; à la partie inférieure les cellules laissent entre elles de grands intervalles pleins d'air (*parenchyme à méats* ou *parenchyme lacuneux*) et les stomates débouchent dans les méats.

Les *faisceaux* sont la partie constitutive des *nervures ;* dans ces faisceaux, il se différencie du bois et du liber. La disposition et le développement du bois et du liber sont très variables dans les divers groupes de Plantes vasculaires.

Nous étudierons, avec l'anatomie de la tige, les types principaux de structure des feuilles.

TIGE. — La tige, dans sa région la plus jeune, paraît formée d'un tissu méristématique homogène. Dans ce tissu apparaissent des faisceaux procambiaux formés de cellules allongées ; ils sont en continuité avec ceux des jeunes feuilles ; leur nombre est plus ou moins grand et ils sont disposés symétriquement autour de l'axe de la tige : la tige a une *symétrie axiale*.

1er EXEMPLE. — *Lycopodes modernes*. — Un premier exemple est fourni par les Lycopodes modernes et leurs alliés fossiles (fig. 19, A).

Le trait caractéristique est ici le faible dévelop-

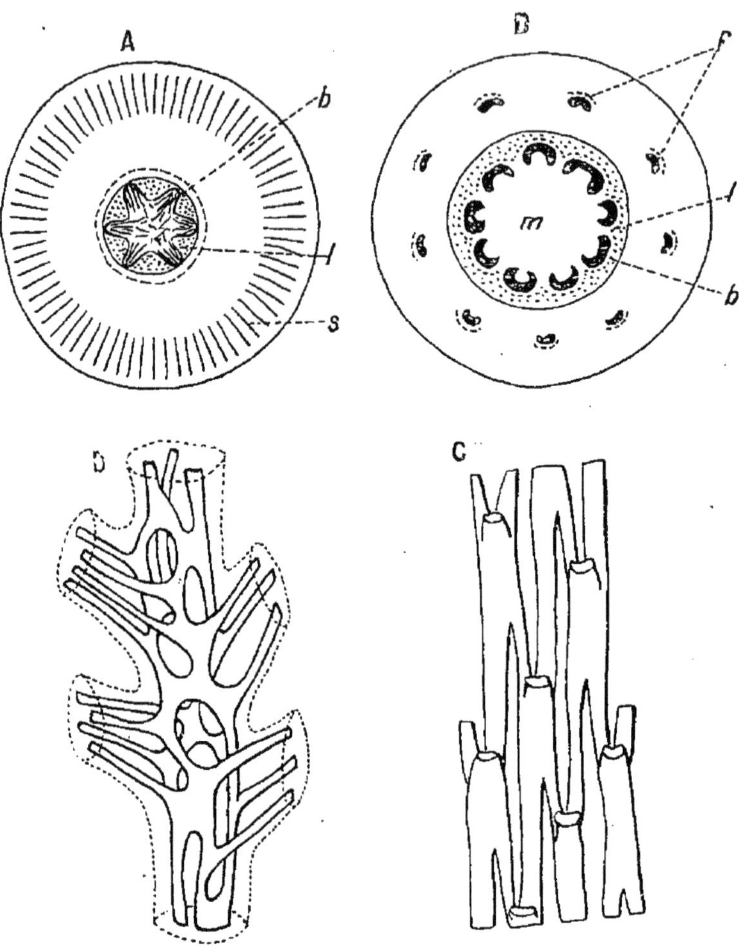

Fig. 19. — Tiges.

A, coupe schématique d'une tige de Lycopode : *b*, bois ; *l*, liber ; *s*, anneau de sclérenchyme dans l'écorce. — B, structure solénostélique (*Ceratopteris thalictroides*) (modifié d'après Lachmann). — C, disposition des faisceaux du bois chez l'Osmonde (d'après Bower). — D, coupe transversale schématique d'une tige d'Osmonde : *b*, bois ; *l*, liber ; *f*, faisceaux foliaires ; *m*, moelle.

pement relatif des feuilles, aciculaires et uninerviées, à nervure peu volumineuse.

La structure originelle est comparable à celle d'une racine ; une coupe de la tige laisse voir une écorce et un cylindre central ; celui-ci a un bois centripète en étoile ; les traces foliaires sont simples.

2e EXEMPLE. — *Fougères*. — Des exemples de structure plus compliquée sont fournis par les Fougères ; nous nous limiterons aux cas les plus simples.

Chez les Fougères, une caractéristique générale est le grand développement pris par les feuilles : elles sont amples, leur nervation est ramifiée et dérive le plus souvent d'une nervure principale unique. Dans les plus grosses nervures, le liber enveloppe complètement le bois.

La tige a, à sa base, la structure « protostélique », avec bois central entouré d'un anneau continu de liber. Plus haut, le bois forme un cylindre creux avec mailles foliaires ; le système ligneux de la tige se compose alors d'arcs incomplets enveloppés de liber et d'endoderme (structure *solénostélique*) (fig. 19, B).

Si les feuilles sont nombreuses, la découpure devient de plus en plus grande et la stèle cylindrique primitive paraît s'être divisée en stèles rubannées (structure *polystélique*).

Chez l'*Osmonde royale*, la découpure du bois atteint son maximum (fig. 19 C, D). Le système libéroligneux de la tige paraît alors composé de faisceaux libéroligneux semblables à ceux des feuilles, disposés en cercle, et à libers confluents. La présence d'un endoderme général permet de reconnaître là une stèle plurifasciculée.

Le développement du bois se fait tangentiellement dans la plupart de ces cas [1].

3e EXEMPLE. — *Phanérogames*. — La disposition signalée chez les Osmondes était destinée a devenir prépondérante dans les Plantes supérieures. Chez les Phanérogames, le système libéro-ligneux est découpé en faisceaux formant un ou plusieurs cercles ; très généralement, il persiste un péricycle et un endoderme communs. L'isolement des faisceaux est très net ; dans le cours d'un entre-nœud, ils sont parallèles ; aux nœuds, ils subissent des anastomoses diverses et donnent naissance aux faisceaux foliaires.

Au cours du développement, les divers types de structure peuvent se retrouver : dans les axes hypocotylés, les jeunes tiges ont la structure de racines ; dans les jeunes Renonculacées, on retrouve la structure à mailles foliaires nettement individualisées.

Un caractère général des Phanérogames est aussi celui des faisceaux à *bois centrifuge ;* c'est un caractère tardivement acquis. Dans les faisceaux pétiolaires des premières plantes à graines [2], on trouve un double bois, l'un centripète, l'autre centrifuge.

1. Le développement du bois dans la tige se fait suivant une direction soit *tangentielle*, soit *centripète*, soit *centrifuge :* dans le premier cas la différenciation des éléments du bois se fait dans un plan perpendiculaire à un rayon ; dans le deuxième et le troisième, elle se fait progressivement dans un plan passant par l'axe ; elle est centripète, si les premiers vaisseaux formés sont les plus éloignés de l'axe ; centrifuge si ces premiers vaisseaux sont au contraire les plus voisins de l'axe.

2. Ptéridospermées : *Lyginodendron*. (Note Cost.)

Au moment où la différenciation libéroligneuse s'achève dans la tige, on dit qu'elle a acquis sa structure primaire.

Dans un grand nombre de cas, les tiges des plantes vasculaires ne se compliquent pas trop à partir de l'état primaire, il s'y produit seulement des phénomènes de durcissement des tissus. Chez les Fougères arborescentes par exemple, on retrouve pendant toute la vie les vaisseaux apparus au début, mais autour des faisceaux, il se forme des lames de sclérenchyme ; le tronc ne s'épaissit pas avec l'âge.

De même pour la tige des Palmiers ; les faisceaux différenciés d'abord restent distincts, et chacun s'entoure d'un anneau de sclérenchyme qui le rend plus visible.

76. Formations secondaires. — Chez quelques plantes vasculaires se produisent des phénomènes nouveaux, survenus secondairement, qui modifient beaucoup la structure de la tige : le tronc s'épaissit avec l'âge. La structure primaire n'est plus, alors, qu'un état transitoire ; elle est remplacée par la structure secondaire.

Lorsque les faisceaux se sont différenciés dans la tige, les tissus sont tous devenus adultes et sont incapables de se multiplier.

L'épaississement de la tige résulte de la multiplication de cellules particulières restées embryonnaires et formant un méristème secondaire. Les plus importantes de ces cellules sont disposées suivant un cylindre passant entre le bois et le liber de chaque faisceau ; on donne à ce groupe de cellules vivantes le nom d'assise génératrice libéroligneuse.

Chaque cellule de cette assise se divise en deux : la cellule interne donne une cellule médiane et une nouvelle cellule interne ; la cellule externe ne se divise pas, c'est la cellule médiane qui se cloisonne à nouveau en donnant une seconde cellule externe derrière la première, et une autre cellule médiane, ainsi de suite. Les cellules génératrices, restées vivantes, sont ainsi toujours dans une région médiane. Chacune des cellules génératrices primitives de l'assise libéroligneuse donne une file de cellules, les unes internes, les autres externes séparées par une cellule médiane qui garde les caractères embryonnaires.

Les cellules produites à l'intérieur de l'assise génératrice donnent pour la plupart soit des *vaisseaux*, soit du *parenchyme ligneux*, c'est-à-dire un *anneau de bois*. Les cellules extérieures donnent des tubes criblés ou du parenchyme, donc, dans l'ensemble, un *anneau de liber*. Par suite du développement du bois et du liber secondaires, les îlots de bois et les îlots de liber primaires sont écartés les uns des autres.

Telle serait une tige âgée d'un an. Chaque année, le même phénomène se reproduit : l'assise génératrice persistante fonctionne de nouveau en donnant du bois en dedans et du liber en dehors. Comme l'hiver marque un temps de repos, les troncs s'accroissent par poussées successives.

Tiges de trois ans. — D'après ce qui vient d'être dit, voici ce qu'on peut comprendre dans la structure d'une tige de trois ans. Au cours de l'année qui vient de s'écouler, l'assise génératrice libéroligneuse a donné intérieurement un anneau de cellules qui se sont transformées en bois. Les vaisseaux les plus internes formés au printemps sont de gros vaisseaux ; les plus voisins de l'assise génératrice sont de calibre étroit et sont mêlés de parenchyme ligneux ; l'ensemble est le bois secondaire de troisième année. En dedans de ce bois de troisième année, on trouve le bois secondaire de deuxième année qui a les mêmes caractères ; en dedans encore, le bois secondaire de première année. Vers le centre, plus ou moins distincts, sont les îlots de bois primaire. A l'extérieur de l'assise génératrice, on distingue malaisément trois assises de liber secondaire.

La production, dans une région interne, de cette grande masse de bois, distend et déchire l'écorce de la jeune tige ; cette écorce se cicatrise : *à la périphérie du tronc on peut dire qu'il se produit surtout des phénomènes de cicatrisation.*

On voit des assises de cellules embryonnaires, dont la position est variable, se mettre à fonctionner en donnant des lames ou des plaques de tissus neufs qui remplacent les tissus déchirés.

Ces assises donnent, vers l'extérieur, un tissu protecteur : *le liège ;* les cellules dont il est formé ont leurs parois imprégnées de subérine, ce qui les rend élastiques et imperméables.

Vers l'intérieur, par le jeu des mêmes assises, il se développe un tissu parenchymateux, quelquefois vert : le *phelloderme.*

La formation du liège est continue ; l'écorce, à

l'extérieur, est en voie d'exfoliation, mais il y a une couche de liège qui la remplace. En certaines régions, les cellules du liège restent écartées et permettent ainsi la circulation des gaz (lenticelles).

En résumé, la tige présente, à l'état jeune, une structure caractérisée par la symétrie des faisceaux de première formation.

La structure primaire, telle que nous l'avons définie, reste parfois sans modifications profondes dans la vie de la plante. Dans quelques cas, une structure secondaire apparaît ensuite.

Il est nécessaire de suivre l'évolution complète d'une tige pour voir que ce que l'on appelle « tige » chez les Fougères, chez les Palmiers, et chez les autres Phanérogames, est toujours bien le même organe ; mais cet organe se complique de plus en plus.

Structure secondaire de la racine. — Chez certaines plantes, il s'établit dans la racine une structure secóndaire suivant un mécanisme comparable à celui qui fonctionne dans la tige.

Il se différencie une assise de cellules embryonnaires qui est aussi une assise libéroligneuse ; elle produit du bois à l'intérieur, du liber à l'extérieur. Cette assise, de forme sinueuse à l'origine, contourne à l'intérieur les îlots libériens et à l'extérieur les faisceaux du bois. Quelquefois l'assise génératrice est discontinue ; elle se compose de segments intra-libériens séparés (*Convolvulus*).

Au bout d'un certain nombre d'années, une vieille racine a absolument l'aspect d'une vieille tige ; pour les distinguer, il faudra chercher les restes de la structure primaire.

Faisons une coupe transversale dans une racine âgée de deux ans. En dedans de l'assise libéro-ligneuse, on trouve successivement une couche de bois secondaire de deuxième année, une couche de bois secondaire de première année, puis le bois primaire. Vers l'extérieur, on rencontre de même le liber de deuxième année, puis celui de première, et enfin le liber primaire. Les faisceaux de liber primaire *ne sont pas en regard des faisceaux de bois primaire.*

L'écorce primaire se trouve distendue par suite de la formation de bois et liber secondaires ; elle éclate et elle est remplacée par une écorce secondaire formée de liège à l'extérieur et de parenchyme à l'intérieur. Cette écorce sera déchirée à son tour et remplacée par une nouvelle écorce ayant même constitution.

Dans l'ensemble, une vieille racine a donc beaucoup d'analogie avec une vieille tige, mais elle est homologue à une jeune racine.

TABLEAU RÉSUMÉ :

Feuille.	*Tige.*	*Racine.*
Origine exogène.	Origine exogène.	Endogène.
Plan de symétrie.	Axe de symétrie.	Axe de symétrie.
Nombreux faisceaux libéroligneux.	Nombreux faisceaux de bois et liber réunis.	Cylindre central de petite taille, avec faisceaux ligneux séparés des faisceaux libériens.
Pas de stèle.	Cylindre central volumineux.	

77. Vrilles, tubercules, bulbes. — Les membres

des plantes peuvent être définis d'après les caractères résumés plus haut; mais dans certains cas, il est difficile de reconnaître si une partie d'un végétal est une racine, une tige ou une feuille.

VRILLES. — Les vrilles, par exemple, sont en principe des organes allongés, souvent spiralés, et qui servent à fixer la plante. Une étude attentive des vrilles montre que si elles sont parfois analogues, elles ne sont pas partout de formation homologue; elles peuvent être des racines, des tiges ou des feuilles.

1° *Passiflore*. — Chez la Passiflore, les vrilles naissent à l'aisselle des feuilles, donc à la place où naissent ordinairement des rameaux; elles sont d'origine exogène. Une coupe transversale montre la structure suivante : un certain nombre de faisceaux libéroligneux sont disposés symétriquement par rapport à un axe central (bois vers l'axe, liber en dehors). De là résulte que la vrille de Passiflore est une tige modifiée (vrilles caulinaires).

2° *Bryone*. — Sur une tige adulte naissent des feuilles, puis des inflorescences qui, à première vue, ont l'air d'être opposées aux feuilles; au-dessous de l'insertion de l'inflorescence, une vrille apparaît. L'étude du développement montre que les jeunes vrilles se forment comme de petits mamelons latéraux sur des bourgeons axillaires, elles naissent comme des feuilles.

En coupe, la section n'est pas tout à fait ronde, on voit une rangée de faisceaux libéroligneux symétriques par rapport à un plan médian. Cette symétrie rappelle une feuille.

Donc, par leur origine et leur différenciation, les vrilles de Bryone se montrent homologues aux feuilles (vrilles foliaires).

TUBERCULES, BULBES. — 1° *Tubercule de Pomme de terre.* — Quand on plante une Pomme de terre, un des yeux se développe et donne une tige avec des bourgeons axillaires. Certains de ces bourgeons se développent en longues tiges souterraines et les tubercules se forment à l'extrémité de ces tiges (fig. 17. B).

A l'état adulte, le tubercule présente encore un *bourgeon terminal* (œil principal) et d'autres bourgeons accessoires protégés par de petites feuilles. Une coupe faite dans un tubercule montre à la périphérie un certain nombre de faisceaux rudimentaires, bois en dedans, liber en dehors, disposés symétriquement par rapport à un axe. Ce tubercule est donc une tige.

2° *Tubercule d'Orchidée.* — Le jeune tubercule est arrondi, parfois palmé (fig. 17. C), à cellules remplies d'amidon ; il a un bourgeon terminal. Plantons-le ; il donne une tige et des feuilles. Le tubercule nouveau naît à l'aisselle d'une feuille, vers la base d'un bourgeon qui s'y est développé ; par son origine endogène, ce tubercule fait songer à une racine.

Faisons une coupe ; dans une masse de parenchyme, nous voyons un certain nombre de cylindres centraux qui ont individuellement la structure d'un cylindre central de racine. Le tubercule peut être considéré comme le résultat de la soudure de plusieurs racines.

En général, l'étude des plantes supérieures a

toujours permis d'homologuer à des racines, tiges ou feuilles, les différentes parties qu'elles présentent; l'existence des racines, des tiges, des feuilles est un caractère très ancien des Plantes vasculaires.

CHAPITRE VIII

PTÉRIDOPHYTES

OU CRYPTOGAMES VASCULAIRES

Les Ptéridophytes, communément appelées « Cryptogames vasculaires », sont le groupe le plus ancien des Plantes vasculaires; elles n'ont plus qu'un nombre relativement restreint de représentants dans la flore actuelle où les Phanérogames ont pris une grande prépondérance.

Chez toutes ces plantes les *gamétophytes* sont libres et ils ne dépassent pas l'état de développement que le gamétophyte atteignait chez les Hépatiques inférieures. Sur ces gamétophytes se développent des anthéridies et des archégones assez semblables à ceux des Muscinées.

Le sporophyte est ici très hautement différencié en racines, vaisseaux, etc., ce qui distingue, à première vue, ces plantes des Muscinées. Il s'isole de bonne heure; ses caractères, à l'apogée de son développement, sont très divers suivant les groupes; ils permettent, à première vue, de diviser l'embranchement des Cryptogames vasculaires en trois classes :

1. *Lycopodinées.* — Les racines et les rameaux des Lycopodes, par exemple, sont à ramification

dichotomique; généralement les feuilles sont simples et de petite taille.

2. *Filicinées.* — La tige est souterraine ou dressée, sans ramifications ou à ramifications latérales; elle porte en général de grandes feuilles ou frondes généralement très divisées et enroulées en crosse quand elles sont jeunes.

3. *Equisétinées.* — Les feuilles et les rameaux sont ici verticillés.

78. **Isosporie et hétérosporie.** — Les spores se développent généralement sur des feuilles où les régions sporifères forment des plages limitées appelées *sores.* Les spores se répartissent en groupes qui ont leur membrane propre. Chaque groupe avec sa membrane est un *sporange.*

Le fait le plus important, celui qui marque le mieux le progrès chez les Cryptogames vasculaires est le passage de l'*isosporie* à l'*hétérosporie.* Il s'observe dans les formes les plus nettement différenciées de chacune des classes.

Les plantes les plus inférieures de chaque groupe portent des spores d'une seule sorte qui produisent en germant des prothalles monoïques; anthéridies et archégones sont sur le même gamétophyte. A un degré plus avancé, les spores, qui restent en apparence semblables, donnent des prothalles *dioïques*, les prothalles femelles étant plus grands que les autres.

Enfin, chez les formes les plus évoluées des trois groupes, les spores même deviennent différentes et l'on peut distinguer des *macrospores* volumineuses qui donnent des prothalles femelles et des *microspores* petites donnant les prothalles mâles. A ces deux sortes de spores correspondent alors quelquefois deux sortes de sporanges distincts : *macrosporanges* et *microsporanges*.

Ce progrès continu de la différenciation sexuelle s'observe chez les Ptéridophytes ; dans les groupes les plus élevés des plantes, l'existence de deux sortes de sporanges deviendra la règle.

En général, chez les Cryptogames vasculaires, les feuilles fertiles sont semblables aux feuilles stériles ; s'il y a une différence, elle est peu profonde. Chez les plantes supérieures aux Cryptogames vasculaires, les feuilles à microspores et les feuilles à macrospores sont bien différentes des feuilles végétatives, différentes entre elles, et constituent les éléments essentiels des *fleurs* ; il n'y a pas de fleurs aussi nettement différenciées chez les Cryptogames vasculaires.

A. — **Lycopodinées** (Lycopodes, isosporées. Sélaginelles, hétérosporées).

Les Lycopodinées sont sans doute les plus simples des Plantes vasculaires, ou du moins celles qui ont le plus de caractères primitifs.

Plus que les autres Ptéridophytes, elles ont : 1° un gamétophyte relativement compliqué en organisation, capable de vie prolongée et souvent de multiplication autonome ; 2° un sporophyte relativement simple où les feuilles sont normalement assez réduites et où les racines sont imparfaitement différenciées des tiges. Il faut encore ajouter que les spores sont d'une seule sorte chez les Lycopodes et les prothalles hermaphrodites, les archégones souvent à col allongé et les anthérozoïdes, à deux cils seulement, du type de ceux des Bryophytes.

C'est un ensemble très frappant de caractères primitifs permettant de conclure qu'il y a *moins de différences entre les Muscinées et les Lycopodinées qu'entre les Muscinées et tout autre groupe de Cryptogames vasculaires.*

Cependant, pour si réelle que soit cette simplicité relative, le saut à faire reste grand. Déjà, chez les Lycopodinées, c'est de beaucoup le sporophyte qui a le développement prépondérant. Il forme une plante feuillée qui dépasse énormément par la taille et la complexité le sporophyte de n'importe quelle Muscinée. Le tissu sporifère n'y occupe qu'une place restreinte, et au lieu de former un massif continu (Hépatiques) ou du moins une zone continue (Mousses), il est divisé en massifs multiples formant des « sporanges » à la base de feuilles fertiles (fig. 20, F).

Les gamétophytes, au contraire (prothalles), sont des organismes de petite taille, dont la découverte dans la nature est des plus malaisées ; on ne doit leur connaissance qu'à des travaux persévérants auxquels se rattachent les noms de savants tels que de Bary, Treub, Gœbel, Bruchmann.

TYPE LYCOPODE

79. Germination des spores. — Il est connu depuis très longtemps que les spores de Lycopodes ne germent pas dans les conditions ordinaires où on les sème.

Spring, en 1848, dans une monographie de la famille, à cause de cette incapacité de germination des spores, était arrivé à l'hypothèse que c'était du pollen de plantes mâles et que les plantes femelles correspondantes avaient dû n'être pas créées.

Hofmeister, dans ses recherches générales publiées en 1851, était arrivé à des notions plus claires sur le cycle évolutif des Cryptogames, mais il n'avait pas pu davantage obtenir de prothalles.

De Bary fut le premier à observer un début de germination, bientôt arrêté, des spores du *Lycopodium inundatum*[1].

Treub fut le premier à suivre la germination des spores du *L. cernuum*[2] qu'il a étudiée à Java, sur le sol indigène même.

Des prothalles adultes de bon nombre d'espèces ont été trouvés et étudiés en particulier par Bruchmann. Tous sont largement envahis par des champignons généralement intra-cellulaires. Il est devenu hautement vraisemblable que la

1. *Lycopodium inundatum.* — Axe principal feuillé rampant, donne le plus souvent *un seul* axe fertile dressé portant le strobile de feuilles sporifères.

2. *Lycopodium cernuum.* — Axe principal dressé, porte des rameaux richement divisés en rameaux secondaires; la plante prend un aspect arborescent. Feuilles sporifères nettement distinctes, par leur forme et leur couleur.

germination des spores ne peut pas se produire ou du moins se poursuivre au delà des tout premiers stades, sans le concours de ces champignons. Ils n'ont pas été isolés; de bonnes expériences restent à faire.

Germination des spores et prothalles du Lycopodium cernuum.

Les spores de *L. cernuum* germent à la lumière sur un sol infesté, comme il résulte de la constatation faite par Treub de l'existence de champignons dans ces jeunes prothalles.

Les prothalles adultes ont environ 2 millimètres; ils portent à leur base un tubercule infesté, et le champignon s'étend dans toute leur région inférieure[1]. Les anthéridies et les archégones sont au-dessous des lobes formant la couronne terminale.

Il faut remarquer que *L. cernuum* est une forme supérieure du groupe des Lycopodes, mais le même type de prothalle se retrouve chez d'autres.

Le prothalle de *L. selago* (fig. 20, A) qui est bien primitif à tous les points de vue ne diffère pas très sensiblement de celui de *L. cernuum*. Il atteint un demi-centimètre, avec une forme vermoïde; il produit des pousses adventives qui peuvent le bouturer.

1. Ce prothalle trés différencié forme une sorte de petite tige verte ayant des lobes en couronne à la partie supérieure. C'est le prothalle le plus compliqué que l'on connaisse. (Note ajoutée pendant l'impression. C.)

Les prothalles des autres Lycopodes, pour autant qu'on les connaisse, sont entièrement

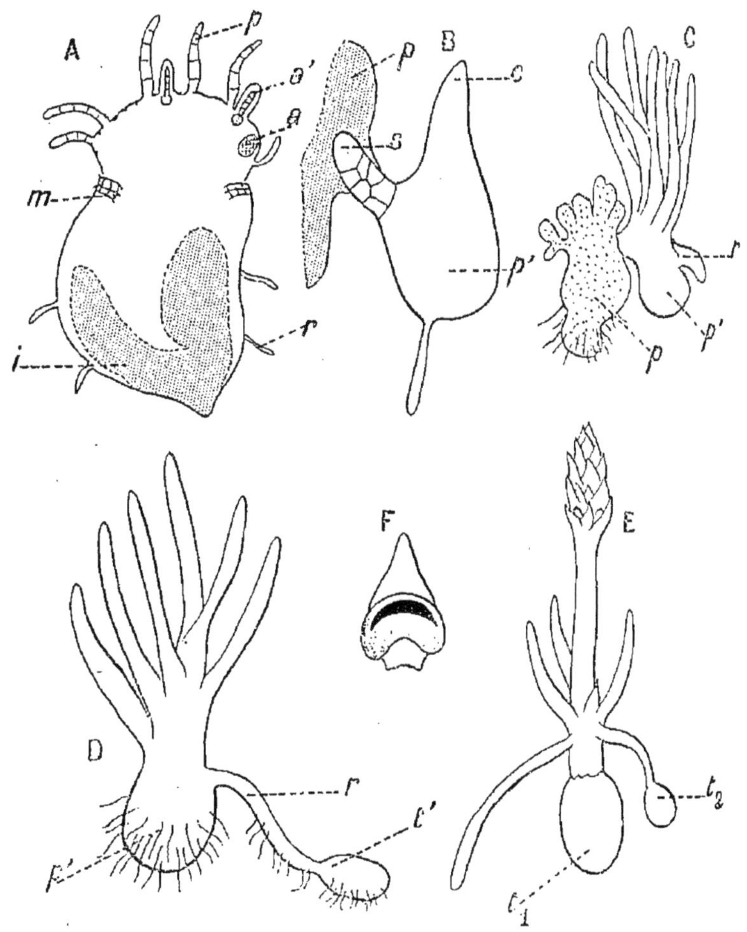

Fig. 20. — Lycopodes.

A, coupe dans un prothalle de *Lycopodium selago* : *a*, anthéridie; *a'*, archégone; *p*, paraphyse; *m*, zone méristématique; *i*, zone infestée; *r*, rhizoïde. — B, C, D, développement du sporophyte chez les Lycopodes inférieures : *p*, prothalle; *s*, suspenseur; *c*, cotylédon; *p'*, protocorme: *r*, racine; *t'*, tubercule. — E, *Phylloglossum Drummondii* adulte : t_1, t_2, tubercules. — F, feuille sporifère de Lycopode.

saprophytes et sans chlorophylle; ils présentent un mode extrême d'adaptation qui paraît évidemment secondaire par rapport à celui des premiers.

Un des types les plus curieux est celui qui est présenté par diverses Lycopodinées épiphytes, décrites par Treub (*Lycopodium Phlegmaria*).

Le prothalle vit dans les assises mortes du rhytidome des écorces d'arbres, à l'abri de la lumière. Il présente à un degré extrême la propriété de donner des branches adventives, cylindriques, avec poils absorbants. Ces branches peuvent s'accroître très longtemps, même lorsque le prothalle a produit un embryon sur l'une d'elles; elles peuvent s'isoler par destruction de la partie qui les attache au prothalle et devenir indépendantes.

La période d'activité végétative dure toute la saison humide; avant la saison sèche, il se produit de petits propagules enkystés qui peuvent donner plus tard de nouveaux prothalles. Nous nous trouvons donc ici en présence d'un prothalle, vivace par des moyens divers, et capable de se reproduire sans le concours de nouvelles spores.

80. Germination de l'œuf. Sporophyte. — L'œuf se forme dans le prothalle par la conjugaison d'un anthérozoïde *à deux cils*, avec une oosphère située au fond d'un archégone *à long col*, caractères primitifs que l'on retrouve chez tous les Lycopodes, sauf pour *L. cernuum* dont l'archégone est à col court.

Le premier développement de l'œuf se fait d'une manière uniforme chez les Lycopodes. Les faits saillants sont : 1° l'isolement par une première cloison d'*un suspenseur* tourné vers le col de l'archégone ; 2° la division à un stade précoce de l'embryon en deux étages; le plus près du suspenseur donne *le pied*, tandis que le plus éloigné donnera le corps même de l'embryon.

Pour ce qui est de la suite du développement, plusieurs cas sont à distinguer.

Formes primitives (*Phylloglossum*, *L. inundatum*). — Par suite de l'allongement du pied, le corps de l'embryon s'enfonce d'abord dans le prothalle, puis fait saillie à sa surface, la déchire et se renfle en un petit tubercule infesté, le *protocorme* de Treub (fig. 20, B, C, D). Ce protocorme produit en haut un cotylédon (fig. B, *c*) et plusieurs feuilles successives; tardivement il forme latéralement une racine *exogène* (fig. 20, C, *r*) qui peut se tubériser à son extrémité (fig. 20, D, *t'*). Le *Phylloglossum* ne dépasse pas cet état embryonnaire, sauf lorsqu'il produit au bout de plusieurs années un strobile sporifère (fig. 20, E); mais chaque année, il se produit un tubercule par renflement du parenchyme au-dessous et autour du point de végétation terminal. Ce tubercule se développe l'année suivante comme un protocorme primaire.

Types plus évolués (*L. complanatum*, *L. clavatum*). — A l'intérieur même du prothalle, c'est le pied de l'embryon qui donne un volumineux tubercule; la première racine naît latéralement en ne déchirant que la couche la plus superficielle de tissus.

Ces plantules croissent d'abord sous le sol

avec une lenteur extrême; leurs premières feuilles sont des écailles non vertes. Elles sont encore parasites du prothalle au moment où elles épanouissent à la lumière leurs premières feuilles vertes.

Au point de vue des mycorhizes du sporophyte, Gœbel (Organographie) dit qu'à des places isolées de la tige il y a infestation et production de nouvelles racines. Bruchmann dit expressément que chez *L. complanatum*, *L. clavatum* les sporophytes sont indemnes.

TYPE SÉLAGINELLE

Les Sélaginelles forment un très grand genre comprenant environ 500 espèces. Ce sont des plantes surtout abondantes dans les lieux humides et ombragés des forêts tropicales; un petit nombre d'entre elles vivent dans les montagnes, sur des rochers. Leur mode de vie peut être comparé à celui des Hépatiques avec lesquelles certaines petites espèces de Sélaginelles présentent une convergence frappante.

81. Sporophyte. — Le sporophyte rappelle par beaucoup de traits celui des Lycopodes : petites feuilles uninerviées, tige se ramifiant toujours au sommet, alternativement à droite et à gauche, ce qui donne à la plante un aspect dichotome. Les feuilles sont munies de ligules, petites, sans chlorophylle.

A l'extrémité de certains rameaux se trouvent des *strobiles fertiles* dont les feuilles sont disposées sur quatre rangs; ils ressemblent beaucoup à ceux des Lycopodes. La différence essentielle entre ces dernières plantes et les Sélaginelles apparaît au moment de la formation des spores.

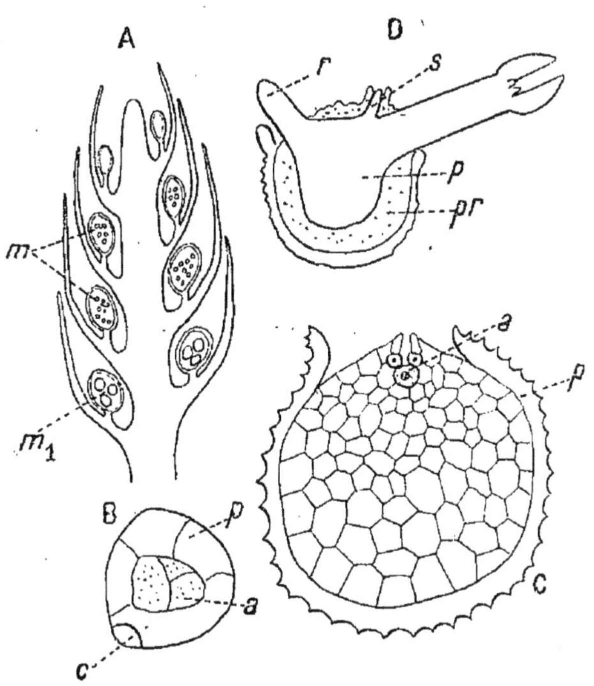

Fig. 21. — Sélaginelles.

A, coupe schématique d'un strobile de feuilles fertiles à microsporanges (*m*), et à macrosporanges (m_1). — B, prothalle mâle : *c*, cellule stérile ; *p*, paroi de l'anthéridie ; *a*, cellules fertiles. — C, prothalle femelle : *a*, archégone ; *p*, paroi de la spore. — D, développement du sporophyte : *pr*, prothalle ; *p*, pied ; *s*, suspenseur ; *r*, première racine.

Chaque strobile est formé de feuilles serrées, un peu imbriquées, les sporanges sont à la face supérieure des feuilles ; à l'état jeune, tous les sporanges sont identiques. Plus tard, les sporanges de la partie supérieure du strobile renferment un grand nombre de petites spores, souvent plusieurs centaines : ce sont les *microspores*, et les sporanges qui les forment sont appelés *microsporanges*. A la base du strobile, les sporanges ne renferment, à maturité, que *quatre grosses spores : macrospores;* ces sporanges sont les *macrosporanges* (fig. 21, A).

Donc, chez les Sélaginelles, il y a *hétérosporie*. L'existence de deux sortes de spores traduit la différenciation précoce de deux sexes; les microspores donnent en effet des gamétophytes mâles; les macrospores donnent des gamétophytes femelles.

82. Gamétophyte. — Les spores commencent à se développer *à l'intérieur du sporange*, fait important à signaler. Les microspores donnent de petits prothalles presque microscopiques formés d'une seule assise cellulaire (fig. 21, B); à l'intérieur des cellules, quelques anthérozoïdes; la partie végétative du gamétophyte est ici très réduite.

Le développement des prothalles femelles se fait à l'intérieur des macrospores dont la paroi éclate légèrement (fig. 21, C). Chacun de ces prothalles est un granule de la grosseur d'un grain de millet. Il est formé d'un parenchyme amylacé, non coloré en vert. Au sommet entr'ouvert de la macrospore, on peut voir quelques archégones dans le prothalle. Même lorsqu'il est complètement développé, le prothalle femelle est encore enfermé dans la paroi épaisse de la macrospore.

Lorsqu'elle a été fécondée, l'oosphère, devenue œuf, se développe en une petite Sélaginelle. On aperçoit une racine, une tige encore attachées, sur le côté, à la macrospore; à première vue, on dirait une graine qui germe (fig. 21, D). Nous avons en vérité fait là le premier pas vers la formation des graines des Phanérogames.

L'origine des Lycopodinées. — On peut chercher à se faire une idée sur l'origine des Plantes vasculaires, d'après les faits connus pour le groupe des Lycopodes. Ces plantes se rapprochent des Bryophytes par la complexité de leur prothalle. Le problème est de savoir sous quelle forme, dans quelles circonstances s'est produit l'affranchissement du sporophyte qui, chez les Lycopodes et les autres Plantes vasculaires, vit et se développe librement.

Treub a suggéré que la manière dont ce phénomène s'accomplit chez *L. cernuum* peut servir d'indication. Là, en effet, la racine n'apparaît que d'une façon tardive, comme un rameau adventif exogène. Le protocorme, ce tubercule fixé sur le sol, a pu exister avant qu'il n'y ait de racines.

On objecte qu'il existe un protocorme, une racine tardive parfois exogène chez les Orchidées et que le caractère est dû aux mycorhizes. Soit, mais rien n'empêche de penser qu'il soit tout de même primitif; la vue de Treub aurait pour corollaire que les premières Plantes vasculaires ont été infestées et ont dû à ce fait leur indépendance.

B. — Filicinées.

Les Filicinées se distinguent des autres Ptéridophytes par leurs feuilles, le plus souvent grandes et compliquées, contrastant avec les petites feuilles des Lycopodes, des Sélaginelles et des Prêles.

Le sporange, chez les Filicinées, n'a pas un mode de développement uniforme.

Tantôt il dérive d'*un groupe de cellules épidermiques*, et son individualisation est tardive ; c'est un mode primitif qui rappelle celui des Lycopodes. On le trouve dans deux familles très anciennes ; *Ophioglossées* et *Marattiacées*.

Tantôt, le sporange provient d'*une seule cellule épidermique;* son évolution est rapide. Cette forme indique un groupe moderne qui compte de nombreux représentants vivants, de caractères variés ; on les répartit en deux familles : les *Fougères*, isosporées ; les *Hydroptérides*, hétérosporées.

83. Ophioglossées. — Les Ophioglosses et plantes voisines de la même famille se rencontrent dans les deux hémisphères, mais elles comprennent un petit nombre de représentants.

Ce sont des plantes à croissance lente, formées d'une tige courte, parfois bulbeuse, qui produit à son sommet des feuilles successives, naissant une à une, après des intervalles de temps plus ou moins longs.

Le fait le plus hautement caractéristique de tout le groupe est l'existence à chaque feuille d'un lobe fertile et d'un lobe stérile (fig. 22, A). Ce dernier apparaît d'abord ; il n'est pas enroulé

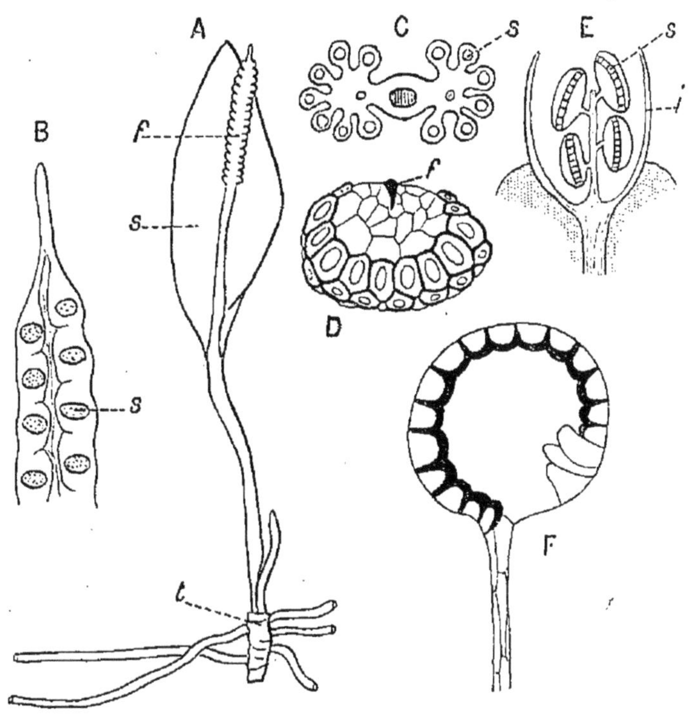

Fig. 22. — Ophioglossées et Fougères.

A, Ophioglosse : *t*, tige : *s*, lobe stérile : *f*, lobe fertile. — B, détail du lobe fertile d'une feuille d'Ophioglosse : *s*, sporange. — C, Osmonde royale, coupe d'une feuille fertile : *s*, sporange. — D, sporange de *Gleichenia* : *f*, fente de déhiscence, l'anneau ne forme qu'une assise de cellules. — E, sore d'*Hymenophyllum* : *s*, sporange ; *i*, indusie. — F, sporange de Polypode ; les cellules à épaississement en fer à cheval constituent l'anneau.

en crosse comme chez les Fougères ; le lobe fertile se développe sur la feuille très jeune à la manière d'une protubérance de sa face ventrale.

Une bande continue de tissus superficiels se différencie sur les bords de ce lobe fertile ; de place en place sur cette bande apparaissent des sporanges, inclus dans le parenchyme de la feuille (fig. 22, B), et qui s'ouvrent tardivement par une fente transverse.

Bower a proposé l'interprétation la plus vraisemblable, pour l'origine d'une semblable structure de l'appareil sporifère, en considérant la feuille sporifère des Ophioglosses comme une forme hautement différenciée de la feuille sporifère des Lycopodes.

En tout cas, c'est une évolution spéciale à la famille des Ophioglossées qui doit être considérée comme un phylum ayant peut-être une origine primitive, mais en tout cas limité et sans descendants très nombreux, le groupe des autres Filicinées s'étant développé parallèlement.

Les spores ne germent pas seules ; au bout de plusieurs mois, elles peuvent seulement présenter un ou deux cloisonnements ; leur développement ne se poursuit que si elles sont infestées.

Les prothalles sont connus dans quelques cas ; ils vivent souterrains, sans chlorophylle, et ils rappellent les formes les plus différenciées des prothalles des Lycopodes terrestres ou épiphytes. Ils débutent par une forme en toupie, puis se ramifient et c'est sur leurs branches que naissent les anthéridies et les archégones.

84. **Marattiacées.** — Les Marattiacées présentent beaucoup de ressemblance avec les Fougères et peuvent en être considérées comme une forme relativement primitive.

Ce sont des plantes à tige épaisse et courte, le plus souvent dressée. Leurs feuilles sont grandes, divisées en nombreux segments et, lorsqu'elles sont jeunes, elles sont enroulées en crosse, comme celles des Fougères.

Un caractère particulier est ici la présence de stipules situées à la base des feuilles ; elles ont un rôle protecteur à jouer lorsque les jeunes crosses ne se sont pas encore déroulées.

Les feuilles fertiles sont semblables aux feuilles stériles et les sporanges naissent *à leur face dorsale*, caractère qui sera général chez toutes les Fougères. Mais ici cet appareil sporangial est d'une nature particulière ; il se compose de *synanges*, situés sur les nervures des folioles. Un synange est assez comparable à la bande sporifère d'un épi d'Ophioglosse. Il apparaît d'abord comme une protubérance parenchymateuse unique, à la périphérie de laquelle se différencient de place en place des cellules isolées qui sont l'origine d'autant de sporanges.

Les Marattiacées comprennent peu de genres assez différents les uns des autres au point de vue de la disposition de l'appareil synangial.

Chez les *Danæa* (Amérique tropicale), les synanges allongés sont sur deux rangs, de chaque côté de la nervure médiane et les sporanges s'ouvrent par un pore terminal.

Les *Marattia*, plantes tropicales des deux mondes, ont une courte tige, épaisse et dressée, portant des feuilles pennées ; leur port est celui des Fougères arborescentes. Chez les *Marattia*, les synanges sont allongés et séparés en deux parties par un sillon médian, sur les flancs duquel les sporanges s'ouvrent par des fentes longitudinales. Les deux lobes du sporange s'écartent à maturité et chaque sporange s'ouvre au moyen d'un anneau de tissus mécaniques différenciés.

Les *Angiopteris* (Asie tropicale, Madagascar) ont une tige dressée qui atteint un mètre de haut et des feuilles pennées, de 5 à 6 mètres de long. Les synanges sont composés de poranges *libres* qui rappellent ceux des Fougères.

Rangées dans l'ordre où je viens de les énumérer, les Marattiacées forment une série qui montre les étapes de la transformation d'un synange compact à un sore ayant des sporanges individualisés.

Germination des spores. — Quelques jours après le semis les spores germent ; chaque spore se gonfle beaucoup avant de se diviser et prend la forme d'une sphère; les premières divisions transforment la spore en un massif cellulaire portant des rhizoïdes simples.

Le prothalle adulte rappelle beaucoup, par sa forme générale, le thalle épais des Hépatiques ; il porte d'abord des anthéridies, plus tard des archégones, à la face inférieure, le long d'une région médiane plus épaisse. Anthéridies et archégones sont *inclus* dans le prothalle, comme chez les Ophioglosses, ce qui paraît être un caractère primitif.

Les anthérozoïdes sont spiralés et multiciliés.

Lorsque l'œuf est formé, la jeune plantule se développe, mais le prothalle persiste longtemps à la base.

85. Fougères. — Les Ophioglossées et les Marattiacées, déjà étudiées, sont des plantes actuellement peu nombreuses, sans doute très anciennes, comme il est bien prouvé pour les Marattiacées au moins.

Les Fougères au contraire forment un groupe moderne comprenant environ 4.000 espèces; elles réalisent, dans les régions tropicales en particulier, un élément important et caractéristique de la végétation actuelle.

L'enroulement des feuilles en crosse, la présence, sur les feuilles et les tiges, d'écailles ou de poils, la forme typique du sporange[1] sont des caractères qui séparent les Fougères des autres Filicinées.

Les sporanges nettement individualisés se constituent chacun à partir d'une cellule épidermique de la face inférieure d'une feuille. Ils s'ouvrent grâce à un « anneau », ensemble de cellules à parois inégalement épaissies, qui joue le rôle de tissu mécanique.

Le groupement des sporanges, leur mode de développement, la position de l'anneau de déhiscence servent de caractères essentiels pour la classification.

a) *Osmundacées* (*Osmunda*, *Todea*). — Ce sont des plantes à rhizome robuste et dur, bifurqué; les feuilles sont pennées.

Le sporange (fig. 22, C, *s*) dérive d'un petit massif de parenchyme où une cellule, qu'on peut appeler initiale, prend bientôt la prédominance.

1. Description donnée déjà, à propos de l'évolution sexuelle.

Tous les sporanges d'un même sore se développent simultanément ; ils s'ouvrent à maturité par une fente longitudinale, à l'une des extrémités de laquelle est une plage de cellules épaissies.

b) *Gleicheniacées* (*Gleichenia*). — Les *Gleichenia* sont des Fougères à rhizome, à feuilles très allongées, divisées dichotomiquement d'une manière plus ou moins riche ; ces feuilles sont à croissance périodique, leur sommet enroulé pouvant rester dormant après la formation d'une première paire de folioles pennées, et reprenant plus tard sa croissance.

Les sores nus contiennent un petit nombre de sporanges qui renferment de nombreuses spores. Ces sporanges ont un anneau transversal d'un rang de cellules bien marqué et s'ouvrent par une fente longitudinale (fig. 22, D).

c) *Hyménophyllacées* (*Hymenophyllum*, *Trichomanes*). — Ce sont presque toujours des Fougères très délicates, de petite taille, dont le sporophyte fait presque penser à un gamétophyte de Muscinée. Presque toutes sont des plantes tropicales vivant dans les lieux humides ; quelques-unes sont épiphytes, avec des racines rudimentaires.

Les feuilles, à part la nervure médiane, ont souvent une seule assise de cellules et ressemblent ainsi à des feuilles de Muscinées. Leur forme est variée ; elles sont tantôt pennées, tantôt palmées, ou parfois réniformes.

Les sores (fig. 22, E) occupent l'extrémité libre des nervures où se forme un placenta plus ou moins allongé ; les sporanges, brièvement pédicellés, ont *un anneau transversal* comme chez les *Gleichenia*.

d) *Schizéacées*. — Les Schizéacées habitent pour la plupart l'Amérique tropicale. Ce sont des Fougères à rhizome, à feuilles généralement pennées dont les segments fertiles sont plus étroits que les segments stériles ; les sporanges apparaissent sur les marges de ces segments fertiles. Lorsqu'ils sont arrivés à maturité, ces sporanges ont une forme ovoïde, sont brièvement pédiculés ; ils présentent un *anneau au sommet*, et leur déhiscence est longitudinale.

e) *Cyathéacées*. — Ce sont des fougères tropicales ou de l'hémisphère sud, presque toujours arborescentes. Leur tronc droit peut atteindre dix mètres ; quelquefois il est nu et porte des cicatrices foliaires bien nettes, mais le plus souvent il est couvert d'une couche épaisse de racines serrées.

Les sporanges, à déhiscence transverse, ont un *anneau complet*, voisin de la position verticale.

Cette famille est très voisine des Polypodiacées, et peut, à la rigueur, lui être réunie.

f) *Polypodiacées*. — C'est le groupe le plus riche en espèces, et le plus moderne.

Les sporanges (fig. 22, F), longuement pédicellés, sont groupés en sores ; leur développement se fait sans ordre régulier, car on trouve dans un même sore des sporanges à tous les états. *L'anneau est incomplet*, longitudinal, et la déhiscence transverse.

86. Hydroptérides (type : *Salvinia natans*). — Pour étudier les caractères très particuliers des Hydroptérides, on peut prendre pour type *Salvinia natans*, une plante de petite taille que l'on rencontre quelquefois dans les étangs du Sud-Ouest de la France.

L'œuf qui doit donner un sporophyte de *Salnia* ne développe pas de racines ; il ne s'en

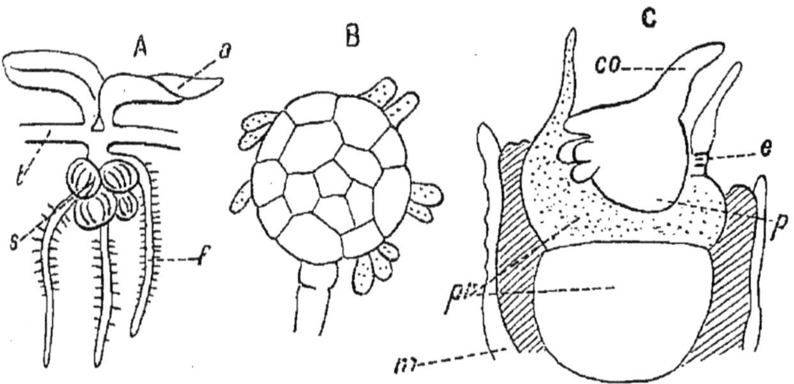

Fig. 23. — *Salvinia natans*.

A, Feuilles normales et feuilles différenciées : *a*, feuille aérienne ; *t*, tige ; *f*, foliole aquatique ; *s*, sporocarpe. — B, prothalles mâles perçant la paroi du microsporange. — C, développement du sporophyte : *c*, col de l'archégone ; *co*, cotylédon ; *p*, pied ; *pr*, reste du prothalle ; *m*, paroi du macrosporange.

forme pas davantage plus tard et ce fait est en rapport avec la vie aquatique de la plante. La tige porte d'abord un cotylédon. Ensuite la disposition et la différenciation des feuilles se fixent ; les feuilles se produisent par verticilles de 3 et sur 6 rangs. Chaque verticille (fig. 23, A) comprend deux feuilles supérieures à limbe nageant, creusé de lacunes, et une feuille inférieure dont le limbe est divisé en lanières couvertes de poils : cette dernière feuille simule une racine ramifiée.

Les sores se forment à l'extrémité de lobes courts dépendant des feuilles submergées; une indusie, née au-dessous du sore, l'enveloppe complètement et forme un *sporocarpe* clos. La paroi du sporocarpe est formée de deux assises de cellules avec canaux aérifères entre elles; ces canaux, disposés régulièrement, donnent à l'ensemble du sporocarpe l'aspect d'un melon (fig. 23, A, *s*).

Certains sporocarpes ne renferment que des *microsporanges à 64 microspores* englobées dans une matière gélatineuse aérifère et formant ainsi une masse unique.

D'autres sporocarpes contiennent un *petit nombre de macrosporanges*, dans chacun desquels une seule grosse spore se développe.

La plante meurt en automne; les sporocarpes s'isolent.

Au printemps, les sporanges sont mis en liberté et c'est alors que les spores germent à la surface de l'eau où les soutient la masse gélatineuse imprégnée d'air qui les entoure.

Les microspores germent alors qu'elles sont encore incluses dans le microsporange (fig. 23, B). Chacune donne un court prothalle filamenteux terminé par deux anthéridies à parois incomplètes; on trouve 4 anthérozoïdes dans une anthéridie.

La macrospore germe aussi dans le macrosporange qu'elle déchire au sommet. Elle se cloisonne en deux cellules, dont l'inférieure, très grande, reste indivise tandis que la supérieure, petite, donne le prothalle. Celui-ci porte plusieurs archégones à sa partie supérieure ; il est vert, même à l'obscurité.

L'œuf formé se développe dans le prothalle femelle et le déchire pour épanouir au dehors la feuille cotylédonaire primitive (fig. 23, C) ; *il y a ainsi parasitisme du sporophyte naissant sur le gamétophyte dont le développement est très réduit.*

C. — **Equisétinées.**

Le seul genre actuel est : *Equisetum.*

Caractères généraux du sporophyte. — La tige primaire très grêle développe une dizaine d'entre-nœuds. De sa base part une tige plus forte qui en donne une troisième rapidement. Cette pousse de troisième ordre ou une des suivantes s'enfonce dans le sol et forme le rhizome qui portera des branches aériennes dressées. Les pousses successives ont des verticilles de feuilles de plus en plus nombreux jusqu'à ce que le nombre caractéristique de l'espèce soit atteint.

Toutes les espèces d'*Equisetum* ont un rhizome souterrain plus ou moins développé, souvent très long, et abondamment ramifié. Ses caractères sont ceux de la tige aérienne. Celle-ci a des nœuds et des entre-nœuds bien marqués ; les entre-nœuds sont cannelés, les nœuds portent des feuilles soudées en gaine. Des bourgeons naissent à l'aisselle de la gaine, en alternance avec les feuilles; la ramification est donc verticillée, mais les bourgeons peuvent rester dormants.

Les rameaux qui se forment à partir de ces bourgeons sont grêles et leur constitution est analogue à celle de la tige sur laquelle ils se développent.

Sporange. — Les feuilles fertiles sont réunies en strobiles à l'extrémité de certaines branches; elles sont peltées, le limbe étant disposé perpendiculairement à la direction du pétiole. Les sporanges sont portés par la face inférieure du limbe.

Les spores ont d'abord une mince membrane cellulosique qui se divise plus tard en deux couches. La couche externe ou *épispore* forme, à maturité, deux lanières spiralées, cutinisées extérieurement; ce sont les *élatères*.

Gamétophyte. — Aussitôt qu'elles sont mises en liberté, les spores germent. Les prothalles ont une forme et une orientation qui varie avec l'éclairement, mais ils ressemblent à ceux des Fougères.

Ce sont des prothalles dorsiventraux, normalement couchés sur le sol et d'abord réduits à une seule assise cellulaire.

Ils sont unisexués, et les prothalles mâles sont nettement plus petits que les prothalles femelles. Les anthéridies, qui se développent sur les prothalles mâles, produisent des anthérozoïdes spiralés, à cils nombreux, analogues aux anthérozoïdes de Fougères.

Sur un même prothalle femelle à archégones, plusieurs oosphères sont généralement fécondées et se développent.

Affinités. — Le port très spécial des Equisétinées ne permet pas de rapprochement sérieux avec d'autres groupes voisins; leurs petites feuilles rappelleraient les Lycopodes, mais tous les faits généraux du cycle évolutif font songer davantage aux Filicinées.

Le type représenté actuellement par les *Equisetum* est très ancien ; il est connu depuis le primaire. Les *Asterocalamites* du Culm avaient le port des *Equisetum*, mais des feuilles de grande taille ; les *Equisetum* et *Equisetites* du Trias et du Jurassique étaient très voisins de nos *Equisetum* actuels.

Les formes hétérosporées des Equisétinées se trouvent également parmi les fossiles primaires ; citons par exemple, les *Asterophyllites*.

CHAPITRE IX

CARACTÈRES GÉNÉRAUX DES PHANÉROGAMES

Ce qui caractérise tout l'embranchement des Phanérogames, c'est que l'hétérosporie y est plus marquée que chez les formes les plus évoluées des diverses classes de Cryptogames vasculaires. Non seulement il y a des macrospores et des microspores comme chez la plupart des Ptéridophytes, mais ces spores différentes sont toujours produites par des appareils distincts : macrosporanges et microsporanges. Enfin, en règle générale, les sporanges sont portés sur des feuilles spéciales, différentes des feuilles végétatives : les *étamines* qui produisent les microsporanges, les *carpelles*, pour les macrosporanges.

L'ensemble de ces feuilles différenciées en vue de la production des spores constitue *la fleur*. Elle atteint son plus haut degré de perfection chez les Phanérogames supérieures où les feuilles fertiles sont entourées de feuilles stériles, déjà modifiées pour constituer un *périanthe*.

87. Feuilles fertiles à microsporanges : Étamines (fig. 24, A à F). — On a donné le nom d'*étamines* aux feuilles fertiles mâles; elles sont de forme variable. Ordinairement elles se composent d'une partie élargie correspondant au limbe d'une feuille normale : c'est l'*anthère*, qui est souvent portée par un pétiole grêle appelé *filet* (fig. 24, A).

Les microsporanges prennent en général naissance comme chez les Filicinées inférieures dans le tissu même du limbe. On peut décrire les traits essentiels de leur développement sur l'exemple d'une étamine à filet et anthère, qui porte à maturité quatre microsporanges ; c'est un cas fréquent chez les Phanérogames supérieures.

Une coupe transversale faite dans une anthère très jeune permet de voir que la masse principale de cette anthère est formée d'un parenchyme homogène recouvert par un épiderme. On distingue dans le plan médian un faisceau libéro-ligneux, à bois interne. De bonne heure le tissu sous-épidermique se différencie en *archesporium*, suivant quatre régions distinctes, ordinairement groupées sur la face interne de l'étamine (fig. 24, B).

Par une cloison tangentielle, chacune des cellules de ces régions se divise en deux : une cellule externe stérile, une autre, interne, qui donnera des spores (fig. 24, C). La multiplication de ces cellules internes aboutit d'abord à la formation d'un massif *de cellules mères des spores* (fig. 24, D). Après deux bipartitions successives, et *réduction chromatique*, apparaissent dans chaque cellule mère *quatre spores*. Elles s'isolent les unes des autres par gélification de la région moyenne de la paroi de séparation ; ainsi sont réunies dans une même cellule mère *quatre microspores*, à nombre de chromosomes réduit : ce sont les « grains de *pollen* ».

Pendant que se constituent les microspores, le tissu pariétal stérile se différencie ordinairement en plusieurs assises.

Au voisinage immédiat des cellules mères, il se forme une assise de grosses cellules cubiques, à protoplasma très dense, habituellement coloré en jaune ; elle se continue tout autour du massif des cellules mères et l'enveloppe d'une gaine appelée *sac pollinique*. Ces grosses cellules jaunes disparaissent lorsque les microspores se développent en se nourrissant de leur substance.

L'assise la plus voisine de l'épiderme est formée de cellules qui épaississent et lignifient leur membrane, surtout sur la face interne et les faces latérales : c'est l'*assise mécanique* (fig. 24, E).

Lorsque l'anthère est mûre, les deux sacs polliniques d'un même côté communiquent entre eux après résorption d'une portion de la cloison qui les séparait d'abord. Les parois des cellules mères elles-mêmes se sont gélifiées en partie ; les microspores se trouvent isolées au sein d'une masse nutritive, granuleuse ; elles achèvent ainsi leur développement.

Par l'effet de la dessiccation, l'assise mécanique se rétracte fortement sur la face externe[1] cellulosique, tandis que la région profonde ligneuse subit moins de retrait ; une fente se produit suivant la ligne de séparation des sacs polliniques

1. L'épaississement en fer à cheval est parfois en sens inverse : la partie épaissie en dehors.

voisins et cette fente s'agrandit progressivement : les grains de pollen sont mis en liberté.

La microspore, au moment de sa libération, est généralement de forme sphérique (fig. 24, F). Deux membranes forment sa paroi ; l'interne est cellulosique, molle ; la membrane externe, dure, cutinisée, porte des ornements saillants :

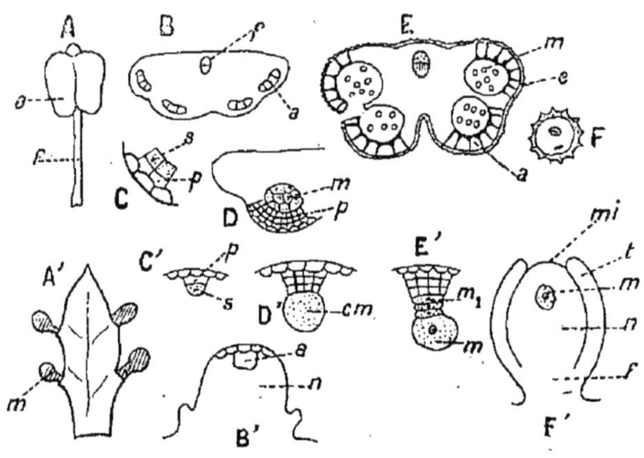

Fig. 24. — Feuilles fertiles des Phanérogames.

A, une feuille à microsporanges : *a*, anthère ; *f*, filet. — B, coupe de l'anthère jeune montrant l'archesporium sous-épidermique *a* ; *f*, faisceau. — C, premier cloisonnement de l'archesporium : *s*, tissu sporifère ; *p*, tissu pariétal. — D, développement du sac pollinique : *m*, cellules mères des microspores ; *p*, tissu pariétal. — E, coupe d'une anthère mûre : *m*, microsporange (ou sac pollinique) ; *e*, épiderme ; *a*, assise mécanique. — F, microspore ou grain de pollen.

A', une feuille à macrosporanges : *m*, macrosporange (= ovule). — B', ébauche d'un ovule : *a*, archesporium ; *n*, nucelle. — C', premier cloisonnement de l'archesporium : *s*, tissu sporifère ; *p*. tissu pariétal. — D' et E', développement de la macrospore : *cm*, cellule mère des macrospores ; *m*, macrospore ; m_1, macrospores non fonctionnelles. — F', un ovule réduit à ses parties essentielles : *m*, macrospore ; *n*. nucelle ; *mi*, micropyle ; *t*, tégument ; *f*, funicule.

crêtes ou épines. En quelques points cependant, cette dernière membrane, restée mince (pores, plis,) permet une plus facile communication du protoplasma avec l'extérieur.

Avant la dissémination du pollen, le noyau de chaque microspore subit une ou plusieurs bipartitions ; un « grain de pollen » arrivé à maturité est donc un *microprothalle* à ses débuts.

88. Feuilles fertiles à macrosporanges : Carpelles (fig. 24, A′ à F′). — Les feuilles à macrosporanges ont aussi des formes variables. Dans le cas le plus simple, ce sont des feuilles ouvertes, analogues aux feuilles végétatives, portant sur leurs bords les macrosporanges qui s'y insèrent comme des folioles (fig. 24, A′).

Les macrosporanges ont été appelés *ovules*, et les feuilles fertiles qui les portent sont désignées sous le nom de *carpelles*.

Chez toutes les Phanérogames, le développement de l'ovule se fait d'une manière assez uniforme et sa constitution définitive est, à peu de chose près, la même dans les divers groupes. Suivons ce développement jusqu'à la constitution de la *macrospore unique*.

L'ovule apparaît sur les bords du carpelle comme une saillie du parenchyme recouverte par l'épiderme (fig. 24, B′). Cette masse parenchymateuse constitue la partie la plus volumineuse de l'ovule, c'est le *nucelle*, qui, à maturité, est enveloppé de un ou plusieurs téguments.

L'archesporium se différencie de bonne heure. Une cellule sous-épidermique du nucelle se divise en deux par une cloison tangentielle (fig. 24, C′). Des deux cellules ainsi constituées c'est la plus profonde qui servira à former la macrospore ; auparavant elle se divise elle-même en quatre cellules disposées en file suivant l'axe du nucelle ; l'une de celles-ci, ordinairement la plus interne, grossit, s'arrondit et devient la macrospore (fig. 24, D' E').

Lorsque la macrospore est formée, elle est encore séparée de l'épiderme du nucelle par plusieurs assises peu épaisses de cellules dérivées du cloisonnement de la cellule sous-épidermique primitive : ces assises constituent ce qu'on appelle *la calotte*.

A maturité, l'ovule (fig. 24, F') est limité extérieurement par un ou deux téguments qui ne découvrent la nucelle qu'en un point : *micropyle*. Il est rattaché à la feuille carpellaire par un cordon appelé *funicule*, ordinairement parcouru par un faisceau libéro-ligneux qui se ramifie dans le tégument externe.

89. **Développement des prothalles.** — Le prothalle femelle se développe dans l'ovule même, en parasite ; il digère en partie le nucelle. Sa constitution est un peu variable suivant les cas, mais il forme toujours un ou plusieurs archégones, souvent un seul qui vient, à maturité, affleurer à la surface du nucelle ; l'ovule est alors mûr.

Il faut que le prothalle mâle vienne mûrir ses anthérozoïdes à proximité du prothalle femelle parasite du nucelle. L'ovule est aisément accessible chez les *Gymnospermes* (Pin, Sapin, etc.) où il est porté sur une feuille étalée ; les grains de pollen transportés par le vent viennent germer au contact du nucelle et vivent en parasites sur lui. Chez les *Angiospermes*, les ovules sont enfermés de bonne heure à l'intérieur d'un OVAIRE clos formé par les carpelles repliés ; l'ovaire se prolonge par un *style* que termine un *stigmate* : celui-ci retient les grains de pollen qui germent à sa surface, puis le prothalle mâle envahit le style et arrive jusqu'à l'ovule.

La fécondation est assurée par des dispositifs complexes que nous étudierons plus loin.

90. Embryon et graine. — Quelle que soit la disposition adoptée pour la fécondation, les phénomènes essentiels restent les mêmes chez les Gymnospermes et les Angiospermes.

L'oosphère fécondée donne un œuf qui se transforme en *embryon* sur place : c'est la première ébauche du sporophyte, et l'on y reconnaît une *radicule*, une *tigelle*, des *cotylédons* qui représentent, en réduction, l'ensemble du végétal composé de racines, de tiges, de feuilles.

Généralement, pendant ce développement de l'embryon, le nucelle est complètement digéré ; le tégument devient épais et coriace ; alors, le funicule se rompt, et l'ovule devenu *graine* est mis en liberté. Une graine provient ainsi d'un macrosporange dans lequel se sont développés successivement un prothalle femelle et un embryon. L'acquisition des graines marque chez les plantes un progrès qui s'est réalisé pour la première fois à une époque très primitive de la vie de la Terre ; déjà, dans les terrains primaires, on trouve des plantes à graines (Ptéridospermées).

Après la formation et la dissémination des graines, l'évolution du sporophyte subit un temps d'arrêt ; il peut rester à l'état d'embryon des mois, et même de nombreuses années sans transformation apparente. En général, les graines germent au printemps lorsque les conditions naturelles de température, d'humidité, d'aération, se trouvent réalisées d'une manière favorable.

TABLEAU RÉSUMÉ DES CARACTÈRES DISTINCTIFS DES DEUX GRANDS GROUPES DE PHANÉROGAMES

Phanérogames (Plantes à ovules et graines).	Gymnospermes.	Graines *nues*, fleurs très simples. Plantes voisines des Fougères, prédominantes dans la flore ancienne.
	Angiospermes.	Graines *encloses* dans un *fruit*. Fleurs atteignant leur maximum de complexité. Groupe le plus évolué des plantes vasculaires, prédominant dans la flore actuelle.

CHAPITRE X

GYMNOSPERMES

Les Gymnospermes sont des plantes à ovules nus, superficiels, directement accessibles aux microspores.

Ces plantes sont très anciennes ; il n'en reste plus actuellement qu'un nombre relativement restreint ; nous en aurons une idée suffisante après en avoir étudié deux familles : les *Cycadées*[1] et les *Conifères*.

A. — Cycadées.

Les Cycadées sont, pour la plupart, des plantes tropicales habitant l'Asie, l'Afrique ou l'Amérique. Par leur aspect, elles rappellent les Fougères arborescentes. Ce sont de petits arbres à tronc court (environ 1 mètre) et couvert d'écailles (fig. 25, A). Chaque année, ou tous les deux ans, à l'extrémité supérieure de ce tronc, apparaît un bouquet de grandes feuilles qui ont jusqu'à 2 mètres de long et sont abondamment divisées. Ces feuilles rappellent celles des Fougères, sur-

1. Ajoutons les Ptéridospermées longtemps confondues avec les Fougères par leurs feuilles (*Sphenopteris*, *Nevropteris*), mais les savants anglais (Scott, etc.) ont découvert leurs graines (Cost.).

tout dans leur jeune âge, mais elles sont dures, coriaces, quelquefois épineuses.

Pour étudier les organes reproducteurs, nous prendrons pour type le *Cycas circinalis*.

91. Feuilles à microsporanges. — Les feuilles qui produisent les microsporanges ont une cons-

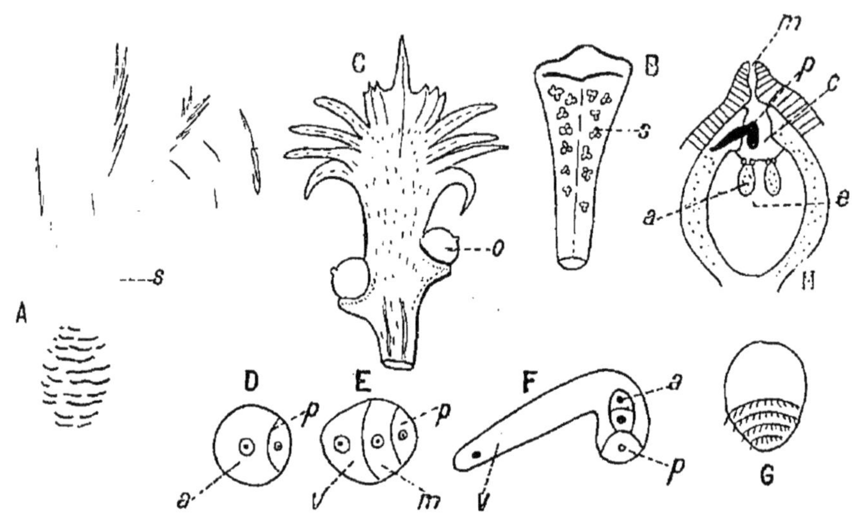

Fig. 25. — Cycadées.

A, port d'un *Cycas* : *s*, strobile de feuilles fertiles. — B, une étamine de *Cycas* : *s*, sacs polliniques ou microsporanges. — C, un carpelle : *o*, ovule ou macrosporange (d'après Stopes). — D, grain de pollen : *p*, cellule stérile du prothalle ; *a*, cellule fertile. — E, F, développement du prothalle mâle : *p*, cellule stérile du prothalle ; *v*, cellule végétative ; *m*, cellule mère des anthérozoïdes ; *a*, jeunes anthérozoïdes (devraient être transversaux). — G, anthérozoïde. — H, fécondation : *m*, micropyle ; *c*, chambre pollinique ; *p*, prothalle mâle ; *e*, endosperme ou prothalle femelle ; *a*, archégone (cas du *Zamia*).

titution très simple ; elles apparaissent au milieu des feuilles stériles, groupées sur un même axe court et formant un strobile assez comparable par l'aspect à un cône de Pin de grande taille ou à un strobile d'*Equisetum* volumineux.

Chaque feuille fertile, longue d'environ 3 à 4 centimètres, porte, à sa *face inférieure*, comme chez les Fougères, un grand nombre de microsporanges (fig. 25, B).

Ils sont ordinairement groupés par 2-6, et s'ouvrent par une fente longitudinale. Quand les sporanges sont mûrs, les étamines s'écartent un peu les unes des autres et le pollen peut être mis en liberté.

Cė strobile d'étamines s'appelle une *fleur mâle*.

92. Feuilles à macrosporanges. — Les feuilles fertiles femelles se produisent en bouquets serrés au centre des feuilles végétatives ; elles ont la constitution théorique des carpelles ; de couleur ocracé clair, charnues, elles présentent, dans leur partie supérieure, des folioles bien visibles, et dans la partie inférieure, des sporanges remplaçant les folioles (fig. 25, C). Ces feuilles ont de 40 à 50 centimètres de long ; les macrosporanges atteignent la grosseur d'une noix. L'ensemble de ces carpelles forme la fleur femelle ; elle ne se développe pas tous les ans.

Les macrosporanges ont la constitution suivante : au centre, un prothalle femelle entièrement parenchymateux ; vers la partie supérieure un certain nombre d'archégones (fig. 25, H). Ces archégones ont la constitution typique déjà étudiée ; leur col est inclus dans le parenchyme. L'oosphère est aisément visible à l'œil nu ; elle mesure souvent 3 à 4 millimètres de diamètre.

Le gamétophyte femelle est enveloppé par le

nucelle, sauf à la partie supérieure où un espace libre reste au-dessus des archégones. Le tégument limite latéralement cet espace libre auquel on a donné le nom de *chambre pollinique.*

93. **L'œuf et la graine.** — Les grains de pollen viennent tomber dans la chambre pollinique. Chacun d'eux est, au moment où il y arrive, formé de deux cellules, de dimensions inégales, séparées par une cloison courbe (fig. 25, D). La plus petite, stérile, représente un rudiment de prothalle mâle qui porte la cellule fertile, origine de l'anthéridie.

Chez le *Zamia integrifolia*, où les phénomènes de reproduction ont été bien étudiés, le grain de pollen arrivé dans la chambre pollinique est formé de trois cellules : une cellule basilaire, stérile, une cellule moyenne qui donnera naissance aux anthérozoïdes, une troisième cellule que l'on peut dire végétative (fig. 25, E). En effet, lorsque le pollen germe, la cellule végétative donne d'abord un petit prothalle en forme de clou qui s'enfonce par sa pointe dans le nucelle (fig. 25, F, H). Dans la partie libre de ce prothalle, qui est renflée, on voit la cellule mère des anthérozoïdes se diviser en deux. Bientôt chacune des subdivisions prend les caractères d'un anthérozoïde : c'est une petite masse ovoïde, visible à l'œil nu, pourvue d'un gros noyau et portant vers le petit bout une spirale de cils (fig. 25, G).

Ces anthérozoïdes mis en liberté dans une goutte de liquide, nagent, pénètrent dans le col de l'archégone et fécondent l'oosphère. L'œuf se développe en un embryon ayant un long suspenseur.

La graine mûre comprend essentiellement : 1° un tégument, charnu à l'extérieur, coriace à l'intérieur ; 2° la masse parenchymateuse du prothalle femelle appelé ici *endosperme ;* 3° la plantule dans l'endosperme. Quant au nucelle, il a disparu presque entièrement.

B. — Conifères.

Les Conifères sont actuellement les Gymnospermes les plus répandues ; les forêts des régions tempérées, surtout les forêts des montagnes, sont formées en majeure partie de Conifères, parmi lesquels nous citerons le Pin, le Sapin, l'Epicéa, le Cèdre, le Mélèze, etc.

La plupart des Conifères sont des arbres atteignant une grande taille. Le bourgeon terminal continue indéfiniment sa croissance, avec plus de vigueur que les bourgeons latéraux ; il y a donc un axe de végétation.

Prenons pour type *Pinus Laricio*. Ses feuilles sont en aiguilles, avec une seule nervure ; elles sont groupées par deux à l'extrémité de rameaux courts recouverts d'écailles.

94. Fleur mâle du Pin. — Les étamines sont groupées en strobiles (fig. 26, A) ; sur un même axe se disposent un grand nombre de feuilles différenciées, mais chacune d'elles a encore visiblement la forme d'une feuille végétative ; elle se compose d'un filet court et d'un limbe épaissi représentant l'anthère (fig. 26, B). Dans la masse du limbe se développent deux sporanges contenant les grains de pollen.

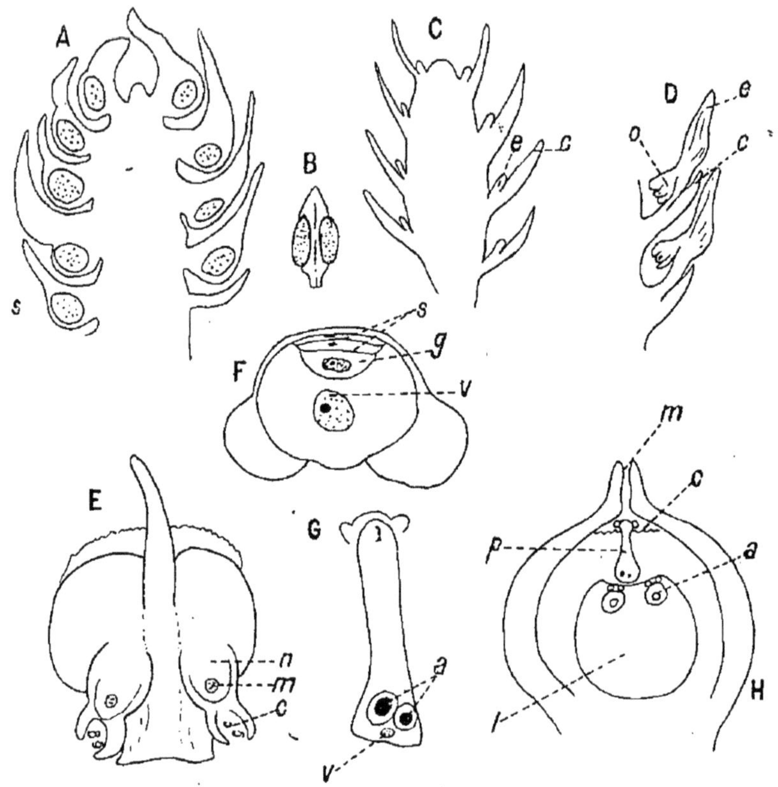

Fig. 26. — Conifères.

A, strobile mâle : *s*, sac pollinique. — B, une étamine. — C, jeune strobile femelle : *c*, carpelle ; *e*, ébauche de l'écaille séminifère. — D, détail du strobile femelle : *c*, carpelle ; *e*, écaille séminifère ; *o*, ovule (voir la note p. 242). — E, un carpelle : *c*, chambre pollinique ; *n*, nucelle : *m*, macrospore. — F, G, développement du prothalle mâle : *s*, cellules stériles du prothalle ; *g*, cellule germinative ; *v*, noyau végétatif ; *a*, anthérozoïdes. — H, fécondation : *m*, micropyle ; *c*, chambre pollinique ; *p*, prothalle mâle ; *a*, archégone ; *l*, endosperme ou prothalle femelle.

Chaque grain est, à l'origine, une petite cellule à un noyau. Dans l'étamine même, le noyau unique subit une ou plusieurs divisions et il se forme un petit prothalle mâle qui n'a que deux cellules chez le Pin, mais qui en a trois et même quatre chez d'autres Conifères.

Le plus souvent, le grain de pollen (fig. 26 F) se présente comme une grosse cellule à noyau volumineux (noyau végétatif) dans l'intérieur de laquelle auraient pris naissance d'autres cellules de plus petites dimensions. Contre la paroi du grain, une ou plusieurs cellules stériles supportent une cellule génératrice plus grosse. L'ensemble est le prothalle mâle au moment où il est emporté par le vent.

95. Fleur femelle. — Les strobiles femelles sont plus complexes ; en vieillissant ils deviennent des *cônes*, d'où le nom de la famille ; mais le développement d'un cône demande trois ans.

Au printemps, à l'extrémité de certains rameaux, on voit apparaître un tout petit strobile de feuilles différenciées en carpelles [1] (fig. 26, C), A la base de chaque carpelle naît un petit renflement qui va se développer en formant les écailles du cône adulte (écailles séminifères).

Ces écailles prennent rapidement un développement plus considérable que les carpelles qui restent courts (fig. 26, D) ; elles sont d'abord charnues, puis ligneuses. Sur la face de l'écaille

1. Sur ce point, Noël Bernard adopte l'opinion des auteurs allemands, notamment Gœbel, qui est en contradiction avec l'opinion de Van Tieghem : le carpelle est ce qu'on appelle ici l'écaille séminifère. Je n'hésite pas à dire que cette dernière opinion a pour elle des arguments très forts et décisifs (Costantin).

séminifère tournée vers la tige, il se forme deux macrosporanges brièvement pédiculés (fig. 26, E).

Chacun de ces macrosporanges comprend une macrospore plongée dans le nucelle ; à l'extérieur, un tégument se prolonge et apparaît en coupe sous forme de deux longues cornes. Au moment où les macrosporanges arrivent à maturité, les écailles sont encore séparées et les grains de pollen peuvent arriver dans la chambre pollinique. La pollinisation se produit au printemps de la première année ; le micropyle se ferme par croissance de la paroi et les écailles du jeune cône se serrent les unes contre les autres.

Le développement des gamétophytes demande un an ; au printemps de la deuxième année, un macrosporange est devenu un ovule, c'est-à-dire qu'au centre du nucelle, on peut voir un gamétophyte femelle (fig. 26, H). Il est formé d'un tissu parenchymateux vers la partie supérieure duquel se trouvent des archégones, à petit col inclus dans le parenchyme, avec une grosse oosphère.

Le gamétophyte mâle (fig. 26, G) est un tube qui s'enfonce dans le nucelle ; la cellule mère des anthérozoïdes s'est divisée en deux et a donné deux gros noyaux sphériques entourés d'une mince couche de protoplasme ; ces deux masses à noyaux volumineux sont homologues des anthérozoïdes. On s'est appliqué à rechercher si ces anthérozoïdes avaient des cils ; jusqu'ici, on n'en a pas découvert.

Dans chaque ovule, un au moins des archégones est fécondé. Le développement de l'œuf en embryon se fait pendant la troisième année ; les graines mûrissent au troisième printemps qui suit l'apparition des strobiles femelles. La masse essentielle de chaque graine est encore formée ici par le gamétophyte femelle, ou endosperme, dans lequel naît un embryon, généralement unique, comprenant une racine, une tigelle et une couronne de cotylédons ; le nucelle a été digéré ; le tégument de la graine dérive du tégument de l'ovule.

Lorsque les graines sont mûres, les écailles s'écartent pour les mettre en liberté. Pendant tout ce lent développement, la taille des cônes s'est considérablement accrue.

Cette étude rapide montre que les Conifères se rapprochent des Cycadées par la *constitution typique du gamétophyte femelle*, et par la *forme étalée des carpelles*. Elles en diffèrent par la forme *des feuilles végétatives*, par la *constitution de la fleur femelle* et *son évolution*.

En ce qui concerne la fleur femelle, il s'établit dans les Conifères quelques variantes qui ont permis leur répartition en plusieurs groupes.

Les *Abiétinées* ressemblent au Pin ; ce sont les *Epicéas*, à feuilles isolées, à cônes pendants qui se détachent en un seul bloc, les *Sapins* dont les feuilles ont une structure bifaciale, et dont les cônes dressés s'effeuillent à maturité, les *Cèdres*, les *Mélèzes*, etc.

Les *Cupressinées* (Cyprès) ont des cônes de petite taille ; ceux du *Genévrier* et du *Thuïa* sont charnus à maturité.

Les *Taxinées* (If) n'ont pas de cônes ; l'ovule

est enfermé à maturité dans une petite coupe charnue (arille) de couleur rouge.

Pour terminer l'étude des Gymnospermes, il convient d'indiquer la famille des *Gnétacées* qui comprend un très petit nombre de genres. Les plantes de cette famille se distinguent par la présence, autour de l'ovule, d'une couronne d'écailles protectrices qui représente comme l'ébauche d'un ovaire.

CHAPITRE XI

ANGIOSPERMES

Les Angiospermes se distinguent des plantes déjà étudiées par un ensemble de caractères tranchés.

Le premier fait essentiel est que les ovules sont dans une cavité close, l'*ovaire*, formée par les feuilles carpellaires repliées; les ovules ne sont plus directement accessibles au pollen.

D'autre part, la métamorphose foliaire est ici poussée très loin; non seulement une fleur d'Angiosperme comprend des feuilles fertiles différenciées en *carpelles* et *étamines*, mais autour de celles-ci se différencient des feuilles stériles formant un *périanthe*.

Les Angiospermes se distinguent encore des autres plantes par leur *mode de fécondation* et par la constitution d'*un fruit* qui enveloppe les ovules transformés en graines.

A. — **La fleur**.

On donne le nom de fleur chez les Angiospermes à un ensemble de feuilles étroitement unies, provenant d'un même bourgeon, et comprenant typiquement :

1° Au centre, des *carpelles*, leur réunion forme le *gynécée;*

2° Des *étamines* formant l'*androcée;*

3° Des feuilles stériles, le *périanthe*.

Les fleurs sont de conformation variable et

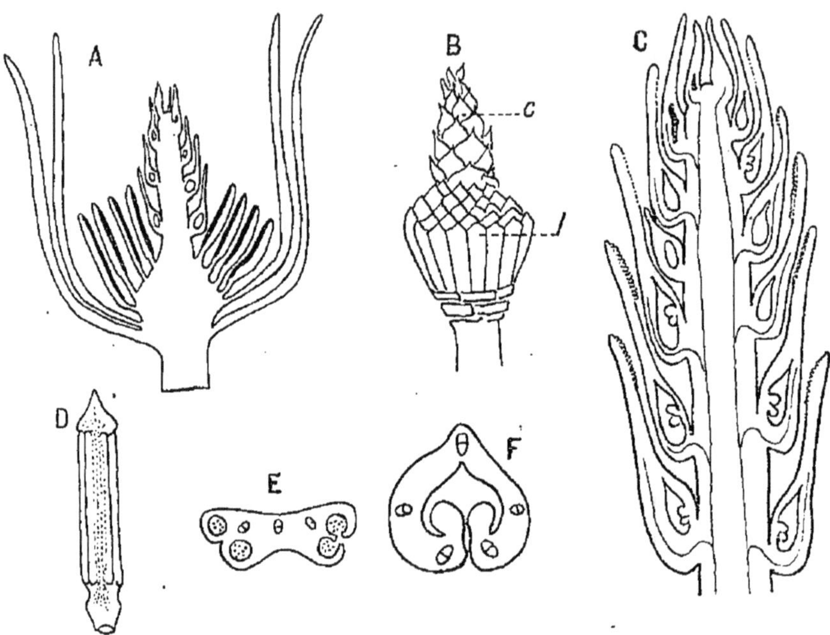

Fig. 27. — Fleur des Angiospermes.

A, coupe d'une fleur de *Magnolia*. — B, strobile d'étamines (*l*), et de carpelles (*c*). — C, coupe longitudinale du gynécée. — D, étamine. — E, coupe transversale d'une étamine. — F, coupe transversale d'un carpelle.

cette variété est l'un des points essentiels sur lesquels se fonde la classification.

Nous prendrons comme exemple un type floral particulièrement simple parce qu'il se rapproche du strobile. On le trouve chez les Renonculacées, les Magnoliacées, les Nymphéacées, par exemple, et il est sans doute primitif.

Étudions une fleur de *Magnolia grandiflora.*

Un axe conique porte des carpelles, en nombre considérable, disposés suivant une ligne spiralée (fig. 17, A, B, C). Ce sont des feuilles non déployées, dont les bords repliés se sont soudés tardivement (fig. 27, F).

Les étamines sont également en nombre considérable (fig. 27, A, B) ; elles sont, comme forme et comme structure, assez voisines du type général décrit déjà à propos des caractères des Phanérogames (fig. 27, D, E).

Le périanthe est formé de neuf pièces disposées en spirale ; les feuilles les plus externes sont un peu verdâtres dans le jeune âge, mais, à l'état adulte, elles sont, comme les autres, délicates et d'un blanc rosé.

En somme, une fleur de *Magnolia* nous apparaît comme un strobile réunissant les carpelles et les étamines sur un même axe, mais les carpelles sont clos et l'on voit extérieurement aux étamines un certain nombre de pièces stériles spécialement différenciées en enveloppes florales (fig. 27, A).

B. — **La fécondation.**

Les phénomènes de reproduction restent ici largement comparables à ce qu'ils sont chez les Gymnospermes ; les grains de pollen ou *microspores* donnent des gamétophytes mâles producteurs d'éléments sexuels mâles, les gamétophytes femelles se développent dans les ovules.

96. Gamétophyte mâle. — Lorsqu'elle sort du sac pollinique, la microspore a déjà commencé intérieurement sa transformation en gamétophyte

Un grain de pollen qui s'échappe de l'anthère comprend en effet dans sa masse un gros noyau végétatif et un noyau plus petit entouré de protoplasma ; ce dernier noyau avec son protoplasma réalise la *cellule mère des anthérozoïdes*.

Chez les Gymnospermes, les grains de pollen produits en nombre considérable n'avaient guère que le vent comme moyen de transport jusqu'à l'ovule.

Chez les Angiospermes, le transport des grains de pollen sur le stigmate d'une fleur se réalise par des procédés souvent plus complexes et plus sûrs. Dans un grand nombre de cas, ce transport, qu'on désigne sous le nom de *pollinisation*, s'effectue par les Insectes.

Les *Magnolia* par exemple, par leur odeur variée et souvent forte, attirent certains Insectes comme les Cétoines, qui trouvent un abri dans la fleur. Au moment de la déhiscence des anthères, l'Insecte se recouvre de pollen qu'il transporte sur les stigmates d'une autre fleur où il va se réfugier ensuite.

Les Renoncules offrent un exemple voisin de fleurs fécondées par les Insectes ; mais ici, c'est le nectar produit dans de petites poches à la base des pétales, qu'ils viennent y chercher.

Quelquefois des dispositifs curieux, comme on en rencontre chez les Orchidées, laissent croire à une harmonie nécessaire entre les Insectes et les fleurs.

Le grain de pollen arrive ainsi jusqu'au stigmate ; là, il germe en développant un long tube qui se fraie un chemin le long du style en se nourrissant aux dépens des tissus qu'il traverse (fig. 28, B). A l'extrémité de ce long tube on aperçoit le noyau végétatif très réduit et deux anthérozoïdes spiralés, sans cils (fig. 28, A) ; pour voir ce que deviennent ces anthérozoïdes, étudions la constitution du gamétophyte femelle.

97. **Gamétophyte femelle** (fig. 28, C à E). — Un ovule mûr comprend un nucelle, un tégument en général double, avec micropyle (fig. 28, C); le gamétophyte femelle est plongé dans le nucelle et présente une constitution plus simple que tout ce que nous avons vu jusqu'ici (fig. 28, D) On l'appelle *sac embryonnaire* (fig. 28, E); à l'extrémité supérieure de ce sac embryonnaire une grosse cellule va donner l'œuf, c'est l'*oosphère* (E, *o*), accompagnée de deux *synergides* (E, *s*), cellules un peu plus petites ; à l'autre extrémité du sac, trois cellules « antipodes » (E, *a*); au centre, deux noyaux qui ne demeurent pas longtemps isolés, ils se fusionnent pour donner le *noyau secondaire du sac embryonnaire* (E, *n*). Nous ne trouvons donc pas ici d'archégones reconnaissables, et l'existence de ce sac embryonnaire dans un ovule est la meilleure caractéristique des Angiospermes.

Les choses en sont à cet état quand le gamétophyte mâle arrive à pénétrer à travers le micropyle jusqu'au contact du sac embryonnaire (fig. 28, D). Les deux anthérozoïdes pénètrent

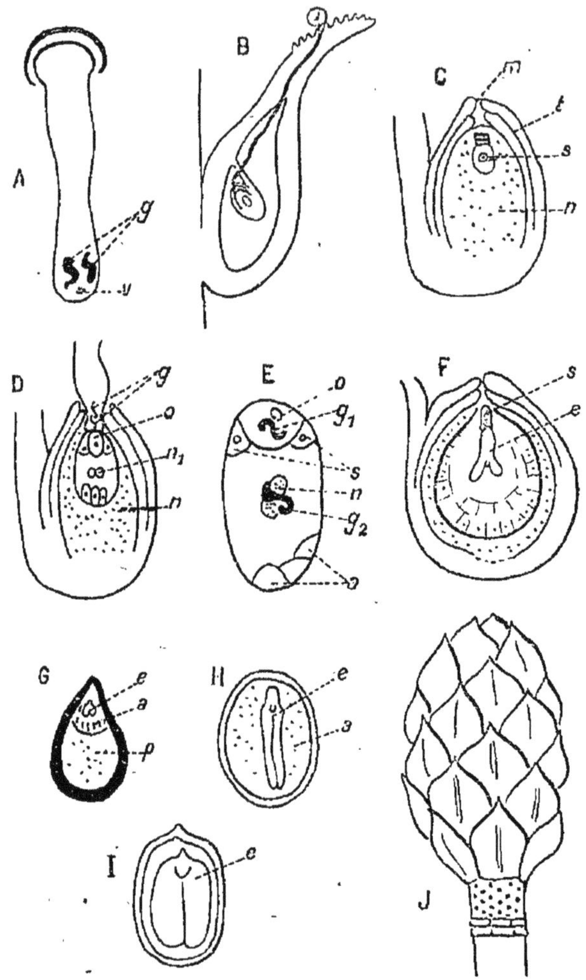

Fig. 28. — Fécondation des Angiospermes : graines ; fruits.

A, formation du prothalle mâle : *v*, noyau végétatif ; *g*, gamètes. — B, pénétration du prothalle mâle dans l'ovaire. — C, D, formation du prothalle femelle : *t*, tégument ; *m*, micropyle ; *s*, sac embryonnaire ; *n*, nucelle ; *o*, oosphère ; n_1, noyau secondaire ; *g*, gamètes. — E, double fécondation : *o*, oosphère ; g_1, g_2, anthérozoïdes ; *n*, noyau secondaire ; *s*, synergides ; *a*, antipodes. — F, développement de l'embryon (*e*) ; *s*, suspenseur. — G, H, I, trois types de graines : *e*, embryon ; *a*, albumen ; *p*, périsperme. — J, fruit de *Magnolia*.

dans le sac ; l'un (fig. 28, E, g_1) vient se fusionner avec l'oosphère pour former l'œuf, l'autre (g_2) se fusionne avec le noyau secondaire. On dit qu'il y a « double fécondation », phénomène nouveau, particulier aux Angiospermes, mais bien obscur.

98. La graine. — L'œuf donne un embryon, l'œuf « secondaire » donne un *albumen*, tissu de réserve ; l'ovule devient une graine.

La jeune graine (fig. 28, F) a une constitution à peu près uniforme chez les Angiospermes. Au centre un petit embryon, porté souvent par un suspenseur, et qui plonge dans l'albumen en voie de développement.

Autour du sac embryonnaire, le nucelle est très réduit ; enveloppant le nucelle, le tégument a son micropyle fermé.

Avant que la graine ne soit mûre, l'embryon achève de grandir, le suspenseur se flétrit ; puis il se forme une jeune racine dirigée vers le micropyle, une petite tige, un petit bourgeon, et, en général une ou deux feuilles appelées *cotylédons*. L'albumen achève de se constituer et généralement le nucelle disparaît.

Chez de rares Angiospermes (fig. 18, G), il reste dans la graine mûre à la fois l'embryon, l'albumen, et le nucelle (Poivrier). En général, le nucelle disparaît complètement, et la graine est composée seulement de l'embryon et de l'albumen enveloppés par le tégument (Ricin) (fig. 28, H). Il arrive quelquefois que l'embryon se développe assez pour que l'albumen soit digéré avant la mise en liberté de la graine (Haricot) ; alors le tégument recouvre seulement un embryon volumineux (fig. 28, I).

99. Le fruit. — Les graines mûres sont encore enfermées dans l'ovaire dont la paroi s'est développée et transformée. Cette paroi s'appelle le *péricarpe* et l'ensemble du péricarpe et des graines constitue le fruit (fig. 28, J).

On a pu faire toute une classification des fruits d'après la nature du péricarpe au moment où les graines sont mûres.

Quelquefois il prend une consistance *sèche* ou *coriace*, tantôt au contraire il devient *charnu ;* il peut enfermer une graine ou plusieurs graines. Enfin, dans quelques cas, le réceptacle de la fleur ou de l'inflorescence prend part à la constitution d'un fruit complexe.

TABLEAU-RÉSUMÉ

1° Fruits *secs* { à 1 graine, indéhiscents : *akènes* (blé, noisette).
à plusieurs graines, déhiscents : *capsules* (Pavot).

2° Fruits *charnus* : *baies* (Groseiller).

3° *Fruits charnus à l'extérieur, ligneux à l'intérieur : drupes* (Cerise).

4° *Fruits complexes* (Fraise).

C. — Place des Angiospermes dans la classification.

Tâchons de voir pourquoi les Angiospermes sont dites « supérieures » à toutes les autres plantes par leur organisation, et d'évaluer la distance qui les sépare des groupes de végétaux les plus voisins.

A l'origine (Algues vertes inférieures), nous avons des plantes *isogames*, *sans alternance de génération*, dont le thalle ne présente pas de différenciation histologique marquée; c'est un gamétophyte.

Le premier degré de complication est marqué déjà chez certaines Algues vertes par l'apparition de l'*hétérogamie* qui va devenir, à partir de là, une règle absolument constante.

Un trait nouveau apparaît ensuite : intercalation, dans le cycle, d'un *sporophyte* marquant l'alternance de génération. Déjà chez les Hépatiques inférieures comme les *Riccia* le sporophyte n'est pas seulement un massif de spores; il a une partie stérile. Il se développe chez les Mousses en un sporogone complexe et surtout chez les Plantes vasculaires où il forme la plante feuillée. Pendant ce temps, le gamétophyte reste très simple chez les Plantes vasculaires, prothalle histologiquement indifférencié et se simplifiant même de plus en plus à mesure qu'on s'élève dans la série.

A partir de ce point, dans l'ensemble des Plantes vasculaires nous avons, pour marquer l'évolution, à considérer :

1° Les rapports du sporophyte et du gamétophyte ;

2° La structure ;

3° La disposition des feuilles fertiles.

Nous n'avons guère à nous occuper de la complexité du sporophyte végétatif. Cette complexité est, dès l'abord, très grande, surtout à partir des Ptéridophytes; et si nous considérons les fossiles, nous avons un développement et une variété de l'appareil végétatif qui n'est guère dépassée. Nous retrouvons là une loi fondamentale de l'évolution végétale : *le progrès se marque peu par l'importance du développement somatique, mais il se marque surtout par les variations graduelles des caractères sexuels primaires ou secondaires.*

Résumons les caractères des grands groupes.

100. Cryptogames vasculaires. — En principe, sporophyte et gamétophyte sont indépendants : le gamétophyte forme un prothalle libre ; le sporophyte, s'il commence à se développer sur le prothalle, s'affranchit bientôt en formant une racine. Seulement chez quelques formes (Sélaginelle par exemple) la spore commence à se développer dans le sporange.

Dans les types les plus simples, notamment chez beaucoup de Filicinées, les feuilles fertiles ressemblent aux feuilles stériles, elles produisent des spores d'une seule sorte donnant des prothalles hermaphrodites. Cependant, deux tendances au progrès qui paraissent indépendantes l'une de l'autre se manifestent chez les Cryptogames vasculaires.

1° C'est d'abord la dioïcité des prothalles qui correspond à l'*hétérosporie* : deux sortes de spores, macro et microspores, deux sortes de prothalles, mâles et femelles ; cette hétérosporie va devenir un trait constant chez les Plantes supérieures ;

2° C'est ensuite un progrès dans la différenciation des feuilles sporifères qui, dans beaucoup de cas, deviennent différentes des feuilles végétatives.

Le trait le plus notable est la constitution de *strobiles* formés de feuilles fertiles insérées en spirale sur un axe commun et serrées les unes contre les autres ; on peut déjà considérer ces strobiles comme des *fleurs très simples*.

Pour ce qui concerne la forme et la disposition des sporanges portés par les feuilles fertiles, il y a chez les Cryptogames vasculaires une grande variété, les sporanges étant des organes analogues et non homologues. On ne saurait établir à cet égard de rapprochement entre le sporange des Fougères qui naît comme un poil et celui des Marattiacées qui se forme dans la masse du parenchyme foliaire.

101. Gymnospermes. — Nous trouvons ici, comme premier contraste général, le fait que les *prothalles*, toujours *de deux sortes, vivent en parasites sur le sporophyte* ; jamais ils ne sont libres.

L'hétérosporie est de règle ; il y a des spores de deux sortes, des sporanges de deux sortes et, d'une façon correspondante, des feuilles sporifères de deux sortes qu'on peut appeler dès à présent : *étamines* et *carpelles*. L'examen détaillé de ces divers faits va fournir toute une série de caractères nouveaux.

Les feuilles à microsporanges, ou étamines, sont encore largement variables ; elles portent encore, chez *Cycas circinalis* par exemple, des sporanges sur toute leur face inférieure ; mais elles prennent déjà souvent l'aspect d'étamines à filet et anthère (Ginkgo par exemple).

Le tissu sporifère se développe à partir de cellules initiales qui forment un *archesporium* sous-épidermique.

Les feuilles à macrosporanges, ou carpelles, sont variables aussi.

Dans les cas les plus simples (*Cycas*), elles ont encore nettement l'aspect de feuilles végétatives. Le caractère général de ces carpelles chez les Gymnospermes est qu'ils sont *ouverts*, les macrosporanges étant ainsi nus et directement accessibles.

Les prothalles, mâle et femelle, sont encore très reconnaissables.

Le prothalle femelle, largement développé dans l'ovule, porte des archégones du type général.

Le prothalle mâle se développe *en parasite sur le nucelle* et montre encore dans les cas les plus simples des anthérozoïdes libres, ciliés.

Ainsi se constituent, après la fécondation, des graines contenant des restes réduits du nucelle, un prothalle, un embryon. Ces graines sont nues ; il n'y a pas, à proprement parler, de fruit.

Pour ce qui concerne la disposition des feuilles fertiles, nous retrouvons dans les cas les plus simples, un strobile comparable à celui des Cryptogames vasculaires.

Dans l'ensemble, c'est la formation d'ovules et de graines qui est un trait vraiment nouveau, mais par ce côté même on ne peut pas introduire de distinction absolument tranchée entre les Cryptogames vasculaires et les Cycadées par exemple. La découverte des Cycadofilicées fossiles, Fougères à graines, comble le fossé qui ne peut être considéré comme profond entre ces deux groupes de plantes.

102. Angiospermes. — Il en est tout autrement quand nous passons aux Angiospermes ; ici nous trouvons des *caractères tranchés* qui sont constants dans ce groupe immense de plantes, et qui semblent *apparaître brusquement*.

Il y a un *ovaire*, cavité close qui renferme les ovules ; il en résulte pour la fécondation un fait tout nouveau. Les microspores retenues par les surfaces adhésives du pistil se développent en parasites sur les feuilles carpellaires et ne peuvent atteindre les prothalles femelles que par ce développement même. Il en résulte encore la constitution non seulement de graines, mais encore de *fruits* renfermant les graines, fruits qui résultent du développement du pistil et, au besoin, de parties annexes non homologues dans la série.

De plus, nous avons des *caractères très particuliers des prothalles* (fig. 28).

Le prothalle mâle prend la forme « tube pollinique », la partie végétative y est très réduite ; les anthérozoïdes, dont on a reconnu la forme spiralée, sont dépourvus de cils.

Mais c'est surtout le prothalle femelle qui, sous la forme « sac embryonnaire », est sans équivalent dans les autres groupes ; et c'est l'un des traits morphologiques les plus constants qui existent pour toutes les Angiospermes.

La découverte d'une *double fécondation* amenant la formation d'un albumen, permanent ou transitoire, dans la graine, a de nouveau accentué la différence. Ce phénomène aujourd'hui connu chez la plupart des familles primitives apparaît comme très caractéristique et nouveau.

Par ces faits surtout le groupe des Angiospermes est bien isolé des autres, et *monophylétique* selon toute vraisemblance.

Ajoutons que la paléontologie ne comble pas la lacune ; dans l'infra-crétacé apparaissent *sans transition* des plantes angiospermes appartenant à des groupes qui existent encore ; citons les Palmiers, les Fluviales, les Glumales, les Amentacées, les Nymphéacées, etc.

L'évolution de la fleur chez les Angiospermes. — C'est à l'étude de la fleur que se ramène, surtout depuis Linné, le problème de la classification des Angiospermes. L'un des caractères du groupe est en effet la formation de fleurs de plus en plus parfaites ; mais cette fois nous avons des transitions, et il est utile de prendre une connaissance d'ensemble de l'évolution florale qui nous permettra de distinguer les types primitifs des types les plus évolués.

Une définition stricte de la fleur est impossible : son origine doit être recherchée dans quelque formation semblable au strobile de beaucoup de Cryptogames vasculaires.

Les morphologistes les plus modernes, comme Gœbel, reviennent à la définition primitive de Schleiden : *une fleur est un rameau portant des feuilles sporifères*, définition qui englobe le strobile des Sélaginelles, en même temps que les fleurs parfaites des Angiospermes.

1. Nous considérons, comme un caractère primitif des fleurs d'Angiospermes, le fait d'être formées de pièces insérées en spirale et en nombre indéfini, comme chez les strobiles de Cryptogames vasculaires. Des familles comme les Renonculacées, Nymphéacées et autres seraient, de ce chef, regardées comme des familles primitives.

Une des tendances les mieux marquées dans l'évolution de la fleur des Angiospermes en général est le *passage graduel de cet état spiralé à un état cyclique*, où les pièces de diverses sortes sont en nombre limité et fixe, et où elles sont insérées en verticilles successifs.

Engler divise les Monocotylédones en « Spiralées » et « Cycliques », et une pareille division pourrait s'appliquer aux Dicotylédones dont les formes inférieures (Renonculacées, etc.) sont spiralées, tandis que les Gamopétales sont évidemment cycliques.

2. A un autre point de vue, nous pouvons considérer comme un trait primitif d'organisation de la fleur, sa réduction à des feuilles fertiles *sans périanthe*. Le progrès pour la fleur est ainsi marqué par la formation d'un périanthe de feuilles spécialisées et stériles.

L'origine de ces feuilles stériles du périanthe peut être diverse. On admet en général qu'elles sont des feuilles fertiles du strobile n'arrivant pas à la production de spores; c'est ce que suggèrent des cas comme celui de *Nymphæa* où il n'y a pas de limite nette entre les unes et les autres. Mais d'autre part, l'existence de cas comme ceux des Anémones, de l'Hellébore, où il n'y a pas de limite nette entre les feuilles végétatives et le périanthe suggère l'idée que ce dernier peut comprendre des feuilles végétatives transformées. Au fond, c'est une question de mots, et il n'est pas toujours facile d'établir la séparation entre une fleur et le reste de son rameau; la définition du mot « fleur » ne doit pas être rigide, c'est un terme imprécis, de convenance. Quoi qu'il en soit, la tendance évolutive la mieux marquée à ce point de vue, est :

Fleurs nues ⟶ fleurs à périgone ⟶ fleurs à périanthe double.

3. Il faut encore considérer dans l'évolution florale la tendance à la *coalescence des diverses pièces*. Cette coalescence résulte d'un développement en masse; il apparaît d'abord des rudiments distincts des pièces de chaque verticille, puis la zone de prolifération s'étend et les pièces poussent ensemble soudées congénitalement par leurs bases, ce qui est bien distinct d'une union mécanique comme celle des anthères des Composées.

Les fleurs d'un type primitif, comme les Renoncules, ont toutes leurs pièces distinctes;

l'apparition de la syncarpie, de la sympétalie, marque un progrès et c'est ainsi que les Gamopétales cycliques seront parmi les plus évoluées.

C'est à l'aide de ces principes généraux auxquels on pourra adjoindre, suivant les cas, des considérations variées, qu'on peut tenter une classification rationnelle des Angiospermes.

Ce n'est pas dire qu'on juge plus sûrement par ces moyens que par d'autres des affinités réelles, mais faute de mieux on doit les employer pour utiliser ce qui a été fait par les anciens botanistes descripteurs.

Si les principes posés ne permettent pas toujours une classification de détail satisfaisante, ils permettent au moins de distinguer les types primitifs des types évolués :

Types primitifs { *Glumales, Amentacées* (fleurs nues)
Fluviales, Renonculacées { (fleurs à périanthe, disposition des pièces en spirale ; pièces indépendantes).

Types évolués. *Orchidées, Légumineuses, Composées.*

Ces dernières familles sont d'ailleurs les plus vastes, les plus répandues, les plus modernes.

TROISIÈME PARTIE

QUELQUES HYPOTHÈSES

CHAPITRE XII

FORMES JUVÉNILES ET PROTONEMA DES MOUSSES

Quand on observe le cycle évolutif d'un végétal, deux cas peuvent se présenter :

1° Le développement est *homoblastique* : la forme adulte, avec toute sa complication, est atteinte d'une façon graduelle : c'est, par exemple, le cas de beaucoup d'Hépatiques.

2° Le développement est *hétéroblastique* : deux formes différentes se succèdent d'une façon plus ou moins abrupte. En général on distingue alors une *forme juvénile* prédominante ou exclusive au début, et une *forme adulte* prédominante ou exclusive à la fin du développement.

Chez les plantes supérieures, le mode hétéroblastique est très fréquent, et peut-être même le plus général. Citons-en divers exemples :

103. Exemple de développement hétéroblastique. — Chez les Conifères on cite plusieurs exemples classiques :

Les *Pins*, par exemple, produisent seulement sur les branches principales qui forment le squelette de la plante des écailles brunes destinées à protéger des bourgeons qui naissent à leur aisselle. Lorsque les bourgeons s'épanouissent en donnant un court rameau portant une, deux ou plusieurs feuilles en aiguille, les écailles tombent.

A la germination et sur les jeunes plantes, l'axe principal même porte directement des feuilles en aiguille; c'est la phase juvénile, où la plante n'est pas encore caractérisée.

Chez diverses *Cupressinées*, les feuilles des plantes adultes sont en grande partie concrescentes par leur face supérieure avec le rameau qui les porte, tandis que les formes juvéniles montrent des feuilles en aiguille libres.

Parmi les Angiospermes, citons les *Acacia* et le Lierre. Les *Acacia* à phyllodes d'Australie dont les feuilles adultes se réduisent à un pétiole vertical aplati, montrent à l'état jeune des feuilles à folioles distinctes.

Le Lierre montre une forme *juvénile rampante*, à *feuilles lobées*, et une forme adulte à tiges dressées et feuilles simples.

Dans des cas semblables on est porté à admettre qu'une des deux formes successives rappelle plus que l'autre la forme adulte des ancêtres immédiats de la plante et a, par suite, une signification phylogénétique.

Peut-on à ce sujet énoncer une règle absolument générale qui attribuerait à la forme juvénile ou à la forme adulte cette signification phylogénétique?

Il semble bien que l'examen de cas typiques sur lesquels l'accord est facile à faire montre l'impossibilité de cette réponse unique.

104. Cas des Acacia australiens. — Leur forme adulte si particulière à phyllodes disposés verticalement se retrouve en Australie, chez des Eucalyptus[1]. C'est une forme qui n'est pas caractéristique du genre *Acacia*, mais des conditions de la vie des arbres australiens ; elle est sans doute adaptée aux longues périodes de sécheresse du pays. D'autre part les espèces du genre *Acacia* qui vivent ailleurs n'ont plus de phyllodes, mais des feuilles à folioles comme celles de la plupart des Légumineuses. Il paraît bien clair dans ce cas que c'est la *forme adulte à phyllodes qui est nouvelle*, tandis que la *forme juvénile est ancestrale*.

Il peut sembler encore assez clair que les formes juvéniles simples des Pins, Genévriers ou Cyprès sont des formes ancestrales. Dans nombre de cas, conformément à la vue de Fritz Müller, admise en zoologie, la forme juvénile paraît ainsi ancestrale.

105 Cas du Lierre. — Mais d'autres cas plaident en sens contraire. Celui du Lierre en paraît un : les Araliacées sont généralement des plantes arborescentes ; les Ombellifères, les Cornacées, qui leur sont intimement alliées n'ont pas la

1. Voir les figures du *Traité de Géographie botanique* de Schimper.

forme rampante. Cette dernière forme apparaît chez le Lierre comme un cas tout particulier d'adaptation à un mode de vie exceptionnel dans tout le groupe. Il ne semble pas possible d'admettre que cette forme juvénile rappelle un stade ancestral; il est plus raisonnable de penser qu'elle est nouvelle et que *la forme adulte a ici le plus d'importance au point de vue phylogénique.*

L'examen de ces cas, pris entre beaucoup d'autres, montre que la question, posée d'une façon simpliste, n'a pas de réponse unique.

Dans une première catégorie de cas qui est évidemment la plus fréquente, la forme juvénile est ancestrale, mais dans une deuxième catégorie, elle ne l'est manifestement pas.

J'ai longuement réfléchi à un groupe d'exemples où l'on peut voir l'une ou l'autre de ces circonstances se présenter. Il s'agit des *plantes à tubercules.*

106. Cas des plantes à tubercules. — Dans le cas le plus simple, comme celui de la *Pomme de terre* prise en exemple, deux phases se succèdent dans le cycle évolutif, la phase tubérisée adulte paraissant ici d'introduction récente et encore facultative puisque des Pommes de terre peuvent accidentellement fleurir sans avoir produit de tubercules; *la forme non tubérisée paraît ici ancestrale.* Déjà chez les espèces de Pomme de terre précoces, la tubérisation se produit plus tôt; la forme juvénile a une moins grande durée.

Chez d'autres plantes, comme la Ficaire, le stade juvénile est extrêmement court, la forme tubérisée apparaissant aussitôt après l'épanouissement du cotylédon et persistant les années suivantes.

Enfin, chez les Orchidées à tubercules, l'*embryon même se développe en un tubercule sans feuilles ni racines*, un « tubercule embryonnaire » ou « protocorme » en forme de toupie.

On arrive ainsi à un cas extrême : l'Orchidée adulte trahit encore par une foule de traits sa parenté avec les autres Monocotylédones, mais sa forme juvénile, tubérisée et très particulière, ne traduit plus en rien une semblable affinité. On peut penser, d'après la manière dont la tubérisation se présente chez les végétaux en général, qu'un semblable cas est l'aboutissement de ceux où la forme juvénile restait normale et où la tubérisation se manifestait plus tardivement dans le cycle.

En général, quand un semblable cas extrême est réalisé, on reconnaît que non seulement la forme juvénile est devenue particulière, mais encore que les conditions de la vie sont devenues anormales. Ici, la vie *n'est plus possible qu'avec des champignons ;* pour d'autres plantes à tubercules, elle reste possible au début sans eux. Il y a lieu de croire que les formes juvéniles très particulières sont ainsi liées à des conditions très spéciales de vie qui ont fini par être nécessaires au début de l'évolution.

107. Cas des Mousses. — Une question analogue, d'ordre phylétique, se pose au sujet du protonema des Mousses ; mais c'est un des nombreux cas où l'on est réduit à l'hypothèse sans qu'il y ait de méthodes générales sûres pour la guider.

Une des vues émises par Gœbel est que les Mousses dériveraient d'Algues confervoïdes ; donc le *stade protonema rappellerait encore l'état ancestral.* Gœbel trouve un argument à l'appui de cette hypothèse dans le fait que certaines Mousses ont un gamétophyte presque réduit au protonema et où les feuilles n'apparaissent que sur de minuscules bourgeons portant les organes sexuels. C'est le cas du *Buxbaumia aphylla*, une petite Mousse, assez rare, des bois secs.

L'argument est loin d'être décisif, car les organes sexuels ont déjà chez *Buxbaumia* toute leur complexité, de même que le sporogone, complexité que rien ne rappelle chez aucune Algue connue. De plus il s'agit d'une forme de l'humus, partiellement sans chlorophylle, et on est habitué à voir des réductions dans de semblables cas.

Si nous nous reportons aux Hépatiques, nous voyons que chez les formes les plus simples, comme *Riccia*, il n'existe aucun stade protonema persistant ; celui-ci n'apparaît que chez des formes très évoluées comme les Jungermanniales supérieures. Nous pouvons être ainsi amenés à rechercher les ancêtres des Mousses parmi les Hépatiques à thalle et sporogone déjà compliqués.

Il est difficile de trancher le différend en se prononçant pour une des solutions plutôt que pour l'autre; mais il n'y a pas de moyens très sûrs pour le faire.

On trouverait des indications précieuses dans une étude comparée des conditions de la vie à l'état juvénile et à l'état adulte. Il est connu qu'on trouve parfois dans la nature des stades protonema d'une persistance anormale sans qu'on sache pour quelle raison ils se prolongent ainsi.

A propos des Mousses, il serait intéressant de savoir avec précision quelles conditions conviennent à l'établissement et au maintien de la forme protonema, quelles conditions aussi conviennent à l'apparition de la forme feuillée. Il se pourrait alors qu'une des deux conditions auxquelles la plante est adaptée à ses deux états successifs soit plus particulière et plus exceptionnelle que l'autre; ainsi on déterminerait avec quelque certitude celle qui a pu être le plus récemment ou le plus anciennement réalisée.

Les problèmes sur l'évolution que soulève l'étude morphologique des végétaux resteraient de creuses et inutiles discussions verbales si elles ne devaient pas conduire à des expériences qui permettront sans doute un jour de comprendre cette évolution assez précisément pour la diriger.

CHAPITRE XIII

L'ÉVOLUTION DANS LA SYMBIOSE[1]

On sait, depuis les recherches de Wahrlich, que les Orchidées hébergent des champignons dans les cellules de leurs racines. La généralité de cette règle a suffi pour qu'on reconnaisse là un cas de « symbiose » et ce mot implique souvent la croyance à une « association mutualistique » entre des commensaux capables de s'entr'aider. En fait, dans ce cas de symbiose comme dans la plupart des autres, on sait seulement d'une façon positive que l'association des champignons et des plantes adultes est intime et *habituelle*. Il faut partir de là, et si l'on veut comprendre par quels moyens la symbiose subsiste ou découvrir les secrets de son apparente harmonie, le plus utile est de chercher ses origines et de retracer son histoire. Cette idée évolutionniste a dominé mes études ; elle me permettra d'établir des rapports suggestifs entre les faits examinés dans ce mémoire.

1. Nous donnons dans ce chapitre l'introduction du mémoire de Noël Bernard, publié en 1909, sous le titre « L'évolution dans la symbiose. » *Annales des Sciences naturelles*, 9e série, 1909, vol. IX, p. 1-196.

A. — Les origines de la symbiose.

La première question qui se pose est de savoir comment la symbiose s'établit à chaque génération; c'est un problème directement accessible à l'expérience.

Les champignons des Orchidées, extraits des cellules où ils vivent, peuvent se développer d'une façon autonome, ce sont des *Rhizoctonia* appartenant à diverses espèces. Les graines d'Orchidées semées purement sur des milieux nutritifs pauvres, comparables aux milieux de culture naturels, sont au contraire généralement incapables de se développer d'elles-mêmes, mais elles peuvent germer lorsqu'on inocule les semis avec des Rhizoctones convenables. En principe donc : *la germination des Orchidées ne se fait pas sans le concours de champignons, la symbiose s'établit nécessairement dès le début de la vie, c'est pourquoi elle reste ensuite la règle.*

Au laboratoire, la culture des champignons est aisément réalisable, l'inertie des graines semées purement est facile à constater, mais leur germination par l'action des Rhizoctones ne s'obtient pas sans difficultés. Depuis cinq ans, j'ai semé les graines de diverses espèces d'Orchidées dans des tubes de culture qui contenaient chacun en moyenne une centaine de graines, et j'ai inoculé ensuite chaque série de semis avec des Rhizoctones extraits de racines. Dans les cas les plus favorables, les graines germaient en nombre plus ou moins grand, mais les insuccès n'ont pas été rares. Tout compte fait, j'ai réussi à obtenir quelques centaines de plantules viables, mais je reste au-dessous de la réalité en estimant à cinquante mille le nombre total des graines sur lesquelles mes expériences ont porté. Pour une majorité de ces graines, l'association avec les champignons que je mettais en leur présence a été passagère et sans effet, ou impossible, ou rapidement nuisible aux embryons.

Les horticulteurs les plus expérimentés ont toujours considéré de même le semis d'Orchidées comme une opération de réussite incertaine. Ils ne voient souvent pas germer une graine sur mille, bien que dans leurs serres les Rhizoctones pullulent. Dans la nature enfin, les Orchidées restent rares, bien qu'elles prodiguent leurs semences, chaque plante pouvant produire par milliers ou par millions des graines impalpables.

En réalité, les rares Orchidées qui atteignent l'état adulte ont été sélectionnées par les champignons dans des conditions minutieusement précises. Pour les embryons même, à qui les hasards de la dissémination des graines ont permis de rencontrer des Rhizoctones, la mort prématurée est la règle et la vie en symbiose est une exception. L'harmonie des associations d'Orchidées et de Rhizoctones n'est pas, à beaucoup près, une loi universelle.

Il n'est pas moins admirable que des milliers d'espèces de plantes, sujettes aux atteintes de champignons depuis l'origine de leur famille, présentent encore des individus capables de résister à ces hôtes tout en vivant avec eux dans un état d'intimité extrême, et il reste à savoir comment cet état de symbiose a pu s'établir et a évolué chez les ancêtres des Orchidées actuelles.

Cela ne peut être qu'un sujet de réflexions théoriques, mais ces réflexions sont utiles à faire et susceptibles de quelque précision.

La famille des Orchidées est l'une des plus riches en espèces de tout le règne végétal; la conformation complexe des fleurs y offre beaucoup de variété et l'organographie florale comparée rend moins illusoire dans ce cas que dans d'autres la tentative de reconstituer un arbre généalogique. Les recherches si justement estimées auxquelles Pfitzer a consacré sa vie, peuvent donner aujourd'hui à ce genre de spéculations une précision et une sûreté rarement atteintes ailleurs. On a donc un moyen indépendant de toute considération relative à la symbiose pour apprécier le degré d'évolution des espèces actuelles.

Partant de là, j'ai cherché comment l'état de symbiose se modifie quand on passe d'Orchidées simples et primitives à d'autres qui atteignent un plus haut dégré de complexité. J'estime avoir ainsi apprécié les étapes successives de l'adaptation des Orchidées à leurs hôtes avec autant de certitude qu'on en puisse espérer en semblable matière.

Au degré le plus inférieur, chez de rares Orchidées comme *Bletilla hyacintina*, la symbiose ne s'établit pas nécessairement dès le début de la vie; les plantules peuvent avoir un développement autonome plus ou moins prolongé. L'association une fois réalisée reste d'ailleurs intermittente : chaque année des racines se développent et s'infestent, pendant que poussent les tiges aériennes fugaces ; puis, les racines meurent, comme les tiges mêmes, et la plante reste pendant plusieurs mois réduite à un rhizome indemne de champignons. Dans ce cas même l'infestation des racines chez les plantes adultes est la règle et l'on peut parler de symbiose. Mais l'état d'un *Bletilla* est en réalité bien proche de celui d'une plante sujette à une maladie cryptogamique bénigne, capable de récidiver.

Chez la plupart des Orchidées, la symbiose reste intermittente à l'état adulte ; mais, comme je l'ai dit, il est de règle au moins qu'elle s'établisse dès la germination. On ne peut pas, dans les conditions ordinaires de culture, obtenir des plantules un tant soit peu développées sans le concours de champignons.

Sous sa forme la plus parfaite, dont l'étude du *Neottia Nidus-avis* fournit un des meilleurs exemples, la symbiose devient continue. Non seulement les graines ne germent pas sans le concours d'un champignon, mais encore ce champignon ne cesse pas de se propager dans la plante qu'il a dès l'abord envahie, jusqu'au moment où elle meurt.

Quand on arrive à ce cas ultime d'une plante incapable de vivre à aucun moment sans son hôte, la notion de l'individualité perd son sens habituel. *L'association du Rhizoctone et de l'Orchidée mérite plus que l'Orchidée même d'être considérée comme un individu.* Un *Neottia Nidus-avis* n'est pas plus comparable à une plante autonome qu'un Lichen ne l'est à une Algue.

Cependant, dans le cas même où la symbiose atteint ce haut degré de perfection, son maintien de génération en génération reste soumis plus que jamais à une grande incertitude. Les graines des Orchidées adaptées à la symbiose continue sont parmi celles dont la germination s'obtient le plus malaisément ; sans doute elles ne germent dans la nature qu'au prix de circonstances infiniment particulières.

Sous sa forme primitive, la symbiose est manifestement à la frontière de la maladie ; sous ses formes les plus parfaites, elle reste un état exceptionnellement réalisé, pour des graines privilégiées, parmi la foule de celles qui ne surmontent pas les difficultés de la vie autonome, ou qui ne résistent pas à l'atteinte de champignons imparfaitement préparés à la vie commune.

B. — **Maladie et symbiose.**

La question de l'adaptation des microorganismes aux êtres supérieurs capables de les héberger touche au domaine classique des expériences pasteuriennes ; mais ces expériences ont été faites dans des cas particuliers et, à plusieurs points de vue, l'étude de la symbiose paraît devoir offrir un terrain de recherches plus favorable.

En inoculant des bactéries charbonneuses atténuées, successivement à divers animaux de moins en moins sensibles au charbon, Pasteur, Chamberland et Roux ont rendu ces bactéries capables de vivre dans l'organisme d'animaux comme les moutons qui étaient d'abord réfractaires; mais dès que l'adaptation était assez complète, les inoculations de bactéries entraînaient la mort des moutons.

Quand on tente inversement d'habituer des moutons à vivre avec les bactéries, en inoculant à un même animal des cultures de plus en plus virulentes, on obtient en définitive des moutons vaccinés, capables de détruire rapidement les bactéries qu'on leur inocule. Dans ces expériences, comme dans la plupart de celles qui servent à fonder l'édifice entier de la pathologie, on n'arrive à saisir *que les deux conditions extrêmes de la maladie mortelle ou de l'immunité, mais non la condition intermédiaire où les deux organismes antagonistes arriveraient, en équilibrant leurs forces, à tolérer la vie en commun prolongée.*

Cette condition intermédiaire s'est pourtant réalisée parfois dans la nature, et l'on ne peut guère douter qu'il y ait eu chez les Orchidées une évolution progressive, depuis la maladie intermittente, jusqu'à la symbiose continue. Nous ne savons pas réaliser par une expérience courte le passage d'un de ces états à l'autre, mais il s'est fait, et il reste possible d'en reconnaître et d'en étudier les étapes. N'y a-t-il pas là une expérience naturelle plus suggestive que celle de nos laboratoires et ne peut-on pas espérer que l'étude de la symbiose, entre des organismes arrivés aux limites de la tolérance mutuelle, donnerait des ressources nouvelles pour comprendre les lois de l'immunité ou de la maladie?

Les moyens d'attaque et de défense, qui s'exercent dans le cas de maladies microbiennes, interviennent aussi pour régler l'équilibre dans la symbiose.

L'aptitude des Rhizoctones à vivre avec les Orchidées est variable ; elle se perd peu à peu si ces champignons mènent la vie autonome et ils deviennent assez rapidement incapables de faire germer les graines ; elle s'accroît au contraire quand ils vivent avec leurs hôtes et ils prennent le pouvoir de déterminer chez ceux-ci des réactions de plus en plus manifestes. Cette aptitude physiologique à la symbiose, cette *activité* des champignons, comme je dirai, paraît de tous points comparable à la *virulence* des microorganismes pathogènes. Elle varie, comme la virulence, d'une façon graduelle, et, dans des limites assez étendues, ces variations ne se traduisent par aucun caractère morphologique nouveau des champignons qui les présentent.

Il est intéressant, d'autre part, d'analyser les moyens par lesquels un embryon d'Orchidée peut éviter l'invasion des Rhizoctones, arrêter leur progression si l'infestation se réalise, ou limiter enfin la rapidité de leur marche dans le cas de la symbiose. La résistance des membranes épidermiques à la pénétration, la digestion par « phagocytose » des champignons qui envahissent les cellules, et aussi les réactions de la sève cellulaire, les propriétés *humorales* comme on dirait dans le cas de maladies animales, fournissent à la plante des moyens de défense dont l'intervention est certaine.

Un examen détaillé des faits contribuera à démontrer la légitimité de la position que j'ai prise en abordant l'étude de la symbiose avec les points de vue de la pathologie générale.

C. — **Symbiose et évolution.**

Les faits généraux que je viens d'indiquer impliquent deux conséquences essentielles.

D'une part, les Orchidées, incapables de se développer sans champignons dans les conditions naturelles de semis, sont astreintes à la symbiose de génération en génération. Ce mode de vie étant d'ailleurs constant, aussi bien pour les Orchidées les plus primitives que pour les plus élevées en organisation, on doit nécessairement y voir un trait de mœurs très ancien, antérieur même, selon toute apparence, à l'époque reculée où sont apparus les premiers représentants de cette grande famille de plantes.

D'autre part, la perte du pouvoir de faire germer les graines chez les Rhizoctones soumis à la vie autonome tend à montrer qu'il existe dans la nature, pour chaque espèce de ces champignons, deux séries de races distinctes. L'une de ces séries comprend les Rhizoctones commensaux qui sont passés sans cesse d'une Orchidée à une autre, sans intervalles de vie autonome assez longs pour que l'activité nécessaire à l'établissement de chaque association nouvelle ait été perdue. L'autre série, qui a pu se constituer et qui doit s'enrichir aux dépens de la première, comprend les Rhizoctones saprophytes, ayant perdu toute activité, incapables de contracter la vie commune avec des graines.

Si nous envisageons donc soit les Orchidées, soit les races actives des Rhizoctones qu'elles hébergent, il apparaît que ces deux catégories d'organismes ont dû subir la symbiose depuis une époque très reculée. C'est dans cette condition constante de vie qu'ont dû se différencier les espèces actuelles d'Orchidées ou de Rhizoctones commensaux. Il y a eu en un mot une *évolution dans la symbiose*, qu'on ne doit pas pouvoir étudier ou comprendre en faisant abstraction des conditions imposées par ce mode particulier d'existence.

La réalité d'une évolution continue des champignons dans la symbiose est mise plus directement en évidence par le fait que les commensaux des Orchidées les plus diverses appartiennent à des espèces voisines d'un même groupe naturel, ayant entre elles des ressemblances étroites au point de vue morphologique comme au point de vue physiologique. Ces espèces de Rhizoctones commensaux étant d'ailleurs peu nombreuses, on doit conclure que la symbiose a imposé à ces champignons une évolution de peu d'amplitude.

Le problème est plus complexe en ce qui concerne les Orchidées puisque cette famille comprend plusieurs milliers d'espèces étonnamment variées. *Leur évolution a concordé avec cette adaptation de plus en plus parfaite à la symbiose.* Cela rend hautement vraisemblable que les deux phénomènes ont été intimement liés et que l'action continue des champignons a eu un rôle essentiel pour la formation des espèces d'Orchidées.

On comprendrait mal d'ailleurs qu'un champignon indispensable au développement même d'une plante n'ait aucune influence sur le mode de ce développement. Alors que les végétaux atteints accidentellement par des parasites montrent communément des déformations caractéristiques, il est invraisemblable que des plantes infestées par des champignons à chaque génération, dès l'état embryonnaire, aient continué à évoluer comme si ces champignons n'avaient pas existé.

En fait, les Orchidées les plus hautement adaptées à la symbiose continue, comme les *Epipogon*, *Corallorhiza*, *Neottia* ou *Tæniophyllum*, présentent par rapport à la plupart des plantes un aspect aussi étrange pour le moins que celui d'un chou atteint de « hernie » par rapport à un chou normal, ou que celui d'un « balai de sorcière » par rapport à une branche d'arbre indemne de parasites.

Les déformations caractéristiques de l'appareil végétatif chez ces Orchidées se retrouvent d'ailleurs chez des végétaux appartenant aux familles les plus diverses, partout où la symbiose a pu atteindre le même degré de perfection. La griffe coralloïde d'un *Psilotum*, qui héberge des champignons pendant tout son développement, rappelle le rhizome richement ramifié d'un *Corallorhiza;* les prothalles ou les plantules des Lycopodes ou des Ophioglosses, communément infestés dès le début de leur vie, sont plus exactement comparables à des plantules d'Orchidées qu'à n'importe quels jeunes végétaux.

L'examen des étranges phénomènes de développement qui succèdent chez les Orchidées à l'infestation des embryons, la répétition de phénomènes du même ordre chez les plantes soumises de même à la nécessité de la symbiose m'ont fortement convaincu que l'*association intime avec des champignons entraîne partout, suivant des lois constantes, certains types d'évolution.*

Envisagé à ce point de vue, le problème de l'adaptation mutuelle d'un microorganisme et de ses hôtes est lié à celui de l'origine des espèces. Dans une étude de la symbiose les expériences de Pasteur doivent servir à éclairer les théories de Lamarck et de Darwin.

D. — Les modes de développement des Orchidées.

Parmi les faits ayant un rapport avec la vie en symbiose, j'étudierai spécialement l'évolution des modes de germination chez les Orchidées. Les jeunes plantules ont dans cette famille un aspect caractéristique : elles se réduisent à un corps de forme générale conique, largement infesté par des champignons et ne produisant que tardivement des feuilles ou des racines. Treub a créé le nom de *protocorme* pour désigner une forme juvénile toute semblable observée chez des Lycopodes et il est commode de se servir de ce mot.

En fait, chez les Orchidées à rhizome, le protocorme est le début de cet organe et, chez les Orchidées à bulbes, le protocorme tubérisé mérite d'être considéré comme le premier des bulbes produits par la plante. Par cette précocité de l'apparition du rhizome ou d'un bulbe, les Orchidées montrent un degré d'évolution supérieur à celui de l'immense majorité des plantes vivaces dont les rhizomes, bulbes ou tubercules apparaissent tardivement, bien après que les plantules ont développé des racines, des tiges et des feuilles d'apparence normale.

En étudiant la germination du *Bletilla hyacinthina* dans diverses conditions, j'ai reconnu que la formation d'un protocorme est restée facultative chez cette Orchidée primitive. Il se forme un protocorme quand les graines germent avec le concours de Rhizoctones suffisamment actifs; mais en l'absence de champignons, les jeunes plantules dressées et grêles ne rappellent en rien un tubercule ou un rhizome; le premier bulbe, origine du rhizome tubérisé de la plante adulte, ne se forme alors que plus tard.

Cette manière d'être actuelle du *Bletilla hyacinthina* suggère avec force que les ancêtres directs des Orchidées étaient des plantes vivaces, à germination normale, et que *la formation d'un protocorme est un caractère acquis par suite des progrès de la vie en symbiose*. L'apparition du protocorme marque pour ainsi dire la plus récente étape de l'évolution accomplie par l'influence des Rhizoctones, mais assurément des étapes antérieures nous échappent, car même les *Bletilla* vivent déjà avec leurs champignons dans un état de symbiose bien caractérisé. Il y a lieu de chercher quelles ont pu être les transformations initiales des ancêtres des Orchidées, aussi éloignés soient-ils, quand ils ont pour la première fois hébergé des champignons.

Sachant que l'état de symbiose, dans ses progrès ultimes, a entraîné la formation de plus en plus précoce des rhizomes ou des bulbes, le plus naturel est de penser que l'établissement de la symbiose à son début a provoqué la première apparition de ces organes. En mettant cette hypothèse sous une forme claire, j'admettrai volontiers que des plantes annuelles atteintes, d'abord accidentellement, par des champignons ont cessé de fleurir dans leur première année et que par compensation des bourgeons latéraux de leurs tiges ont donné naissance à des organes pérennants, bulbes ou branches de rhizomes. La formation de ces organes serait ensuite devenue de plus en plus précoce en même temps que l'association avec les champignons devenait à chaque génération plus prolongée et plus intime.

Pfitzer, quelques jours avant sa mort, a exposé ses vues sur l'origine probable des Orchidées ; il cherche leurs ancêtres parmi des plantes semblables aux Liliacées ou Amaryllidées de notre temps. Celles-ci sont vivaces, elles germent sans former de protocorme et sans avoir besoin du concours de champignons ; mais elles sont communément infestées à l'état adulte ; elles correspondent donc bien à l'état ancestral que mon hypothèse suppose. En remontant jusqu'aux Joncées, généralement considérées comme voisines de la souche de toutes les Liliiflores, on rencontrerait des plantes comme les Joncs annuels, dépourvues de champignons, donnant l'image précise d'un type primitif antérieur à l'établissement de la vie en symbiose.

Mais à tout prendre, les modes de végétation des Orchidées et plus encore ceux des Liliacées ou Amaryllidées, ont des équivalents exacts dans bien d'autres groupes naturels de végétaux. Si l'on admet que la vie en symbiose a pu entraîner l'état vivace chez quelques Monocotylédones, faudra-t-il penser que des champignons sont en cause partout où l'on rencontre des bulbes, rhizomes, ou tubercules ? L'hypothèse est considérable, mais elle vaut d'être examinée. Je chercherai d'abord ici à en faire une critique générale qui m'est inspirée par diverses objections particulières. Je discuterai ensuite divers problèmes que cette hypothèse me paraît pouvoir éclairer.

E. — Diverses conditions équivalentes à la symbiose.

Le développement d'une Orchidée, avec tous les faits qu'il comporte — croissance ou multiplication des cellules, différenciation des tissus, etc.,

— apparaît à première vue comme *une réaction de l'embryon entraînée par la pénétration des champignons qui l'infestent.*

L'établissement d'un mode spécial de croissance « par épaississement » a dû être la réaction initiale des plantules chez les espèces les moins adaptées à la symbiose. Mais ce mode de croissance même s'observe communément au début de la formation de tubercules chez des plantes diverses et aussi dans bien d'autres cas ; il est, en somme, d'une nature banale au même titre que d'autres phénomènes du développement. L'infestation par des champignons apparaît comme une condition très particulière, mais les réactions qu'elle entraîne, envisagées en elles-mêmes, n'ont rien de spécial au cas des Orchidées.

Au reste, les phénomènes de développement provoqués par un champignon chez les Orchidées, sont ailleurs sous la dépendance de conditions bien différentes. Des réactions comparables à celles que montre un embryon d'Orchidée pénétré par un Rhizoctone peuvent être entraînées, pour un œuf vierge, par la pénétration d'un spermatozoïde, par l'action de solutions hypertoniques, de substances chimiques spécifiques, ou en général par la foule de ces actions variées qu'on sait aujourd'hui capables de suppléer à la fécondation. Le mode particulier de croissance par épaississement, si caractéristique des débuts de la germination chez beaucoup d'Orchidées, peut être lui-même sous la dépendance de facteurs multiples : une simple augmentation de concentration de la sève qui baigne les cellules, une modification de sa composition chimique, un abaissement de température peuvent parfois suffire à le déterminer.

Il m'importait tout spécialement de savoir si, dans le cas des Orchidées même, l'action des champignons est bien simplement équivalente à ces actions physico-chimiques variées qui sont efficaces dans d'autres cas soit pour provoquer le développement de germes pris à un état de vie ralentie ou d'inertie apparente, soit pour entraîner la croissance par épaississement. Je n'ai pas essayé de substituer à l'action des champignons toutes les conditions imaginables, mais j'ai parfaitement réussi à faire germer des Orchidées, semées purement, *par la seule action de solutions de substances organiques plus concentrées que celles dont je me suis servi communément pour les cultures.* Il n'est pas douteux que la germination des Orchidées pourrait être obtenue sans champignons, dans des conditions physico-chimiques appropriées, sans doute assez diverses.

La germination par l'action de solutions concentrées est très lente, mais très régulière ; les protocormes ont leur aspect ordinaire, les plantules obtenues, quand elles sont assez développées, peuvent vivre en serre après transplantation. Dans les conditions de mes expériences, faites avec les techniques de culture pasteuriennes, il est devenu, en somme, plus sûr et plus facile de faire germer certaines Orchidées par l'action de solutions concentrées que d'avoir recours à l'action de Rhizoctones dont il est souvent difficile de se procurer des races suffisamment actives. Sans doute, bien que la recherche doive nécessiter de longs tâtonnements, il ne serait pas impossible de fixer une technique permettant d'obtenir en serre, dans des conditions pratiquement applicables, des plantules d'Orchidées affranchies de champignons et gardant d'ailleurs, au début du moins, leur apparence habituelle.

En résumé donc, les champignons ne font rien qui leur soit spécial ; on peut substituer à la symbiose diverses conditions aisément réalisables qui entraînent des résultats équivalents. Pour provoquer la formation d'un protocorme, d'un rhizome ou d'un tubercule, il peut théoriquement suffire que la température s'abaisse, ou encore que la teneur en substances dissoutes de la sève d'une plante augmente par suite d'une assimilation chlorophyllienne plus intense, d'un excès de transpiration ou d'un peu de sécheresse. N'y a-t-il pas autant de vraisemblance à attribuer l'origine des plantes vivaces à quelqu'une de ces circonstances apparemment banales qu'à la condition si particulière d'une symbiose avec des champignons ?

J'ai mis de mon mieux l'objection sous la forme générale qui me paraît la plus troublante. Pour lui donner toute sa valeur il faut ajouter qu'on connaît des plantes vivaces capables de garder leurs caractères quand elles vivent sans champignons, non seulement au laboratoire, dans des conditions expérimentales convenables, mais même dans la nature, à l'état sauvage ou cultivé. Mais on connaît de même, dirai-je volontiers, de multiples moyens pour faire développer des œufs vierges au laboratoire et aussi des cas de plus en plus nombreux de parthénogénèse naturelle. Toutes les découvertes modernes faites à ce sujet ont-elles enlevé sa valeur à la théorie qui voit dans la fécondation la condition essentielle du développement des œufs !

Assurément, l'étude critique dont je viens de résumer les tendances mène à des points de vue intéressants. La notion que les plantes les mieux adaptées à la symbiose puissent s'en affranchir pour mener dans des conditions nouvelles l'existence autonome, est d'une grande importance pour comprendre le rôle de la symbiose dans l'évolution des végétaux en général. Mais la connaissance de conditions équivalentes à la symbiose et capables de s'y substituer n'a qu'une portée restreinte pour décider si la symbiose a eu dans la nature une importance considérable ou minime comme facteur d'évolution.

Dans le cas des Orchidées au moins, malgré la possibilité de germination autonome, malgré l'existence rarement constatée de plantes adultes n'hébergeant pas de champignons, il reste évident que la symbiose a été une condition normale d'existence et une condition prépondérante de l'évolution. Pour fixer la valeur d'une théorie de l'évolution des végétaux par la symbiose, l'essentiel est de chercher si, chez les plantes supérieures en général, comme chez les Orchidées, la vie avec des champignons a été dans la nature une règle commune, ou si elle n'est restée qu'une rare exception.

F. — Importance de la symbiose dans l'évolution des végétaux.

Dans l'exposé général et forcément sommaire que j'entreprends, il faudrait sans doute partir du cas des Lichens. On sait que ces organismes complexes peuvent renfermer des algues assez diverses, depuis les Protococcacées les plus simples jusqu'aux Chroolépidacées. On sait aussi que ces Algues peuvent abandonner l'association lichénique pour mener la vie autonome. La réflexion sur ces faits pose la question de savoir si certaines espèces d'Algues vertes, même parmi celles qui vivent isolément, n'ont pas pris naissance dans la symbiose. Mais pour que cette question vaille d'être posée, il faudrait d'abord savoir s'il y a, pour les Algues, une évolution continue dans la symbiose comme il y en a une pour les Orchidées, ou si les Lichens sont en général constitués, à chaque génération, suivant le hasard des rencontres entre les champignons convenables et des Algues quelconques, ayant pu indifféremment vivre jusque-là isolément ou en symbiose. Après ce que j'ai dit de la permanence des associations entre Orchidées et Rhizoctones, on me permettra de penser que ce problème pourrait mériter de nouvelles recherches expérimentales.

Le cas des Hépatiques à thalle doit aussi être signalé ; on sait que le gamétophyte chez beaucoup de ces plantes héberge des champignons. La chose est depuis longtemps connue pour le *Fegatella conica* ; d'après Cavers, les spores de cette espèce germent en plus grand nombre et mieux avec des champignons que sur un sol stérilisé. Il serait très intéressant de savoir s'il y a quelque rapport entre la symbiose et la production des « tubercules » connus non seulement chez le *Fegatella conica*, mais encore chez des *Fossombria*, *Anthoceros* et autres[1]. L'attention n'a pas été attirée sur cette question, mais elle mériterait de l'être ; une étude monographique des Hépatiques entreprise à ce point de vue pourrait utilement servir à contrôler la valeur des idées que je soutiens. Pour s'en tenir aux faits acquis, je remarquerai que si les gamétophytes des Muscinées ont pu évoluer dans la symbiose et acquérir l'état vivace, les sporophytes de ces plantes sont au contraire toujours annuels et normalement soustraits à l'atteinte de champignons[2].

Les faits qui concernent les plantes vasculaires sont mieux connus et par suite plus utiles à commenter. Parmi celles de ces plantes qui vivent actuellement, on s'accorde à considérer comme les plus primitives soit les Lycopodiacées et Psilotacées d'une part, soit les Ophioglossées de l'autre ; *ces Cryptogames vasculaires inférieures hébergent régulièrement des cham-*

1. La question des Hépatiques à tubercules est traitée par Gœbel dans : *Organographie der Pflanzen*, Iéna, 1898.

2. A l'exception près du sporophyte de *Buxbaumia aphylla* dont Peklo a signalé l'infestation par des champignons.

pignons et, chez toutes, la symbiose atteint un haut degré de perfection.

J'ai été, je crois, le premier à suggérer que les spores des Lycopodiacées ou des Ophioglossées ne pouvaient pas germer sans le concours de champignons. On manque encore sur ce point d'expériences décisives, mais depuis l'examen que j'ai fait du sujet en m'appuyant sur les travaux de Treub et de Bruchmann, les observations de Lang, Thomas et Campbell ont apporté de nouveaux appuis à ma façon de voir. On ne dépasse pas la portée des faits acquis en donnant comme règle générale que les prothalles des Cryptogames vasculaires inférieures hébergent des champignons dès le début de leur développement, exactement comme les plantules d'Orchidées. Dès à présent, on est en droit d'assurer que les exceptions à cette règle ne sont pas plus fréquentes et pas plus importantes dans un cas que dans l'autre.

Les prothalles des Lycopodiacées et Ophioglossées sont tubérisés et souvent vivaces ; ils prennent à l'état adulte des formes diverses parfois fort étranges, mais à l'état jeune, ils ont la forme « en toupie » des plantules d'Orchidées ; la localisation et le degré d'extension des champignons sont exactement comparables dans les deux cas (fig. 20, A).

D'après cela, il est fort raisonnable de penser que la symbiose a eu un rôle dans l'évolution du gamétophyte des plantes vasculaires inférieures. Les prothalles éphémères et autonomes des Sélaginelles, des *Isoetes*, des *Equisetum*, des Fougères sont des formes très particulières et secondairement acquises. Selon toute vraisemblance, le gamétophyte des plantes vasculaires dérive, par une adaptation parfaite à la symbiose, du thalle vivace et infesté de quelque forme disparue d'Hépatique ou d'Anthocérotale à tubercules.

L'évolution primitive du sporophyte des plantes vasculaires peut aussi être considérée comme ayant un rapport avec la symbiose ; les idées que je soutiens permettent sur ce point de préciser la « théorie du protocorme » proposée par Treub en lui donnant, je crois, une forme plus satisfaisante.

Cette théorie a été suggérée par l'étude du développement des plantules chez le *Lycopodium cernuum*, mais il serait mieux aujourd'hui de la déduire des faits concordants observés par Thomas chez le *Phylloglossum Drummondii* qui peut, à bien des titres, être considéré comme la plus simple des Lycopodiacées et de toutes les plantes vasculaires. Chez le *Lycopodium cernuum*, non seulement les spores donnent naissance à un prothalle infesté dès son origine, mais encore la jeune plantule issue de l'œuf forme précocement, vers son sommet, un petit tubercule infesté, appliqué sur le sol, le *protocorme* de Treub, qui porte les premières feuilles et produit tardivement la première racine exogène (fig. 20, B à D, *p'*). N'y a-t-il pas lieu de considérer l'existence de ce protocorme comme un caractère primitif du sporophyte des plantes vasculaires ; ces plantes n'auraient-elles pas été des plantes à tubercules, avant même d'être des plantes à racines ? C'est le sens de la question posée par Treub.

L'existence d'un protocorme chez les Orchidées comme chez les Lycopodes a pu fournir un argument apparemment défavorable à cette théorie. Les Orchidées sont, en effet, parmi les plus évoluées des plantes vasculaires et nullement parmi les plus primitives. Il faut donc croire qu'un protocorme a pu apparaître chez des plantes diverses, par suite de certaines conditions de vie ; ce protocorme ne caractériserait pas plutôt des plantes anciennes que des plantes modernes et il ne conviendrait pas de lui attribuer une signification phylétique particulière. C'est, si je comprends bien, ce que pense Gœbel.

Je reproduis ce raisonnement, que je crois familier à plus d'un naturaliste, mais il ne me convainc pas. Je démontrerai clairement que l'apparition et l'évolution du protocorme chez les Orchidées sont des événements dus aux progrès de la symbiose ; après cela, il ne pourra guère être douteux qu'il en soit de même chez les Lycopodiacées, où la vie en symbiose atteint aussi un remarquable degré de perfection. C'est donc bien *par suite d'une convergence, due à la condition commune de la symbiose, qu'un protocorme est apparu dans les deux cas ;* cela me semble incontestable ; je complète, pour ma part, la théorie de Treub par cette affirmation.

Mais le fait que l'adaptation à la symbiose ait pu se répéter à diverses reprises, avec des résultats comparables, au cours de l'évolution des plantes, doit-il empêcher de croire que cette adaptation ait eu de l'importance et que les résultats régulièrement acquis grâce à elle soient à considérer ? Il y a en vérité presque autant de chemin à franchir pour passer d'un Jonc annuel à quelqu'une des Orchidées les plus différenciées que pour passer d'un sporogone monopodial et annuel de Muscinée à un sporophyte à protocorme comme le *Phylloglossum Drummondii*. On ne voit pas pourquoi des raisons du même ordre ne pourraient pas expliquer aussi bien l'une que l'autre de ces évolutions, dont la comparaison est largement possible.

A mon sens donc, l'idée que le sporophyte annuel des Muscinées s'est affranchi tout d'abord en se couchant sur le sol et s'y fixant par un « protocorme », en devenant une plante vivace à tubercules, n'est pas une idée insoutenable. Mais si l'on veut l'adopter, elle implique comme une conséquence nécessaire que *l'apparition des plantes vasculaires a été la conséquence d'une haute adaptation de certaines Muscinées à la vie en symbiose avec des champignons*[1].

Si l'on veut maintenant comprendre l'évolution du sporophyte chez les plantes vasculaires en général, il faut partir de ce fait que, chez les plus simples représentants de tout ce groupe, on rencontre uniquement des modes de végétation ayant des équivalents exacts chez les Orchidées. L'état vivace si parfaitement caractérisé que j'étudierai

1. L'ancienneté de la symbiose chez les plantes vasculaires est surtout suggérée par le fait que les plus inférieures des plantes actuelles de ce groupe sont soumises à ce mode de vie. Il convient cependant de rappeler que Weiss a observé dans les racines de certaines plantes carbonifères des champignons apparemment semblables à ceux des *Psilotum* ou des Orchidées.

chez les Orchidées donne une image de l'état initial du sporophyte chez les plantes vasculaires. Je ne chercherai pas longuement ici comment l'état arborescent a pu dériver de cet état vivace de plantes herbacées de petite taille — bien que la manière dont s'établit, chez les Orchidées, le mode de végétation des *Vanda* puisse donner à ce sujet une indication — mais il m'importe de faire quelques remarques sur l'origine des plantes annuelles.

L'état annuel du sporophyte est exceptionnel chez les Cryptogames vasculaires; on le trouve chez quelques Fougères comme les *Anogramme*, où il est manifestement secondaire. Chez les Gymnospermes, il est tout à fait inconnu. Chez les Angiospermes enfin, l'état annuel est réalisé par des plantes appartenant à des familles fort diverses, mais qui ne sont pas généralement parmi les familles à caractères floraux primitifs; ici encore, il faut considérer l'état annuel comme tardivement acquis et chercher l'origine des Angiospermes *parmi des plantes vivaces herbacées ou arborescentes*, la première alternative me paraissant plus probable.

Quand on consulte les statistiques données par Schlicht, Janse, Stahl, Gallaud, ou d'autres, sur les cas de symbiose chez les végétaux supérieurs, les meilleures règles générales qu'on arrive à dégager sont les suivantes : *la presque totalité des plantes herbacées vivaces et le plus grand nombre des plantes arborescentes hébergent des champignons ;* les plantes annuelles au contraire sont régulièrement indemnes. Ce sont là, je m'empresse de le dire, des règles approximatives sujettes à des exceptions. Mais si l'on fait abstraction déjà du cas des plantes transplantées dans des jardins botaniques ou des plantes cultivées, ces exceptions sont relativement peu nombreuses. Comme je l'ai dit, on rencontre de ces cas exceptionnels même chez les Orchidées et l'affranchissement de quelques-unes de ces plantes ne doit pas empêcher de croire au rôle de la symbiose dans leur évolution naturelle. Sans doute donc, dans l'état où sont nos connaissances, il ne faut pas mépriser les règles approximatives de répartition des endophytes qui peuvent seules servir provisoirement à diriger les recherches.

En m'appuyant sur ces règles et sur ce que j'ai dit de l'évolution des modes de végétation des plantes vasculaires, je proposerai en définitive la conception d'ensemble suivante :

Le sporophyte des plantes vasculaires dérive d'un sporogone monopodial et annuel, qui s'est affranchi en prenant l'état vivace par suite d'une haute adaptation à la symbiose avec des champignons. L'état vivace ainsi acquis a persisté longtemps, sous des modalités diverses, comme d'ailleurs en général la symbiose elle-même. Cependant quelques plantes ont pu s'affranchir des champignons et c'est parmi elles qu'il faut chercher l'origine des plantes annuelles indemnes. Il a pu arriver *secondairement* que de semblables plantes annuelles, de nouveau attaquées par des champignons, aient répété l'évolution primitive et donné les types les plus parfaits et les plus évolués de plantes vivaces; c'est de ce cas que les Orchidées seraient un exemple.

Je n'accorde naturellement qu'une valeur suggestive à des idées aussi largement théoriques. Mon but n'est pas d'en faire admettre la vérité littérale, mais simplement de montrer que la question de la symbiose peut avoir des rapports multiples et étroits avec celle de l'évolution des plantes.

G. — **Évolution et adaptation.**

J'ai parlé ici de l'évolution par adaptation à la symbiose sans paraître mettre en doute que l'adaptation à une condition particulière de vie puisse entraîner la transformation des espèces.

En posant ainsi le problème dans un esprit lamarckien, je n'ignore pas les difficultés générales qu'on rencontre si l'on veut expliquer l'évolution des plantes par une adaptation à leurs modes de vie. Dans le cas actuel au moins, ces difficultés ne paraissent pas insurmontables ; je voudrais expliquer pourquoi, en me limitant cependant à ce que je puis faire de remarques claires et sans prétention de discuter complètement une question aussi propice à d'amples controverses.

On ne conteste pas que l'action de facteurs extérieurs à une plante puisse la modifier; on s'accorde aussi à penser que l'action continue de conditions particulières, renforcée au besoin par la sélection des individus les plus sensibles à cette action, peut permettre d'obtenir des *races* de plantes visiblement différentes de leur souche primitive. Il faut concéder, par exemple, que les races de betteraves sucrières ont été produites grâce à des soins spéciaux de culture et aux continuels efforts des sélectionneurs. Mais, ceci une fois admis, il reste possible et logique de nier que les progrès accomplis grâce à la réalisation de conditions exceptionnelles et grâce à la sélection aient quelque chose de commun avec ceux qui marquent dans la nature le passage d'une *espèce à une autre plus évoluée.*

Les espèces naturelles paraissent en effet stables, de génération en génération, en l'absence de soins spéciaux ; même si on les abrite en quelque mesure de la lutte pour la vie et de la sélection naturelle, par exemple en réalisant la culture isolément dans un enclos, les caractères spécifiques restent invariables. Au contraire, les races dont l'amélioration est due à des conditions artificielles de vie et à la sélection humaine ne doivent généralement leur stabilité et leur uniformité apparentes qu'au maintien des pratiques grâce auxquelles elles ont été obtenues. Les races de betteraves sucrières de nos grandes cultures sont une *élite* isolée parmi toutes les betteraves possibles qu'auraient pu donner leurs ancêtres. Cette élite est maintenue *grâce à une sélection constante*, grâce au soin qu'on a de réaliser pour elle à chaque génération les conditions les meilleures, mais les caractères qui la distinguent n'ont pas acquis malgré cela de véritable fixité. Si l'on supprimait les soins de sélection et de culture, on ne tarderait pas à voir cette élite dégénérer ; ou, plus exactement, les rares individus dans sa descendance qui mériteraient encore d'y être rangés seraient noyés dans une foule d'individus quelconques, dont les caractères moyens, seuls stables sans soins spéciaux, pourraient seuls aussi servir à définir l'espèce.

En un mot — et je crois reproduire ici fidèlement le sens d'une des objections essentielles qu'on oppose fréquemment aux théories lamarckiennes — les races d'élite obtenues par les soins que des expériences humaines peuvent réaliser, les races adaptées, si l'on veut, à des conditions expérimentales, ne seraient en rien comparables aux espèces dont elles n'ont pas la véritable stabilité. Le problème de l'origine de ces races serait entièrement distinct du problème de l'origine des espèces naturelles.

Je suis porté à admettre l'exactitude des raisonnements et des faits que je viens de réunir, mais à contester la valeur absolue de la conclusion qu'on en tire. J'entends bien qu'il y a une certaine distinction théorique à faire entre les caractères ayant le plus haut degré de stabilité et les caractères largement variables que les conditions de vie ou la sélection peuvent maintenir. On pourra dire des premiers qu'ils tiennent surtout à la nature des individus de l'espèce, à la nature de leurs germes, ou plus précisément encore à la nature de leurs chromosomes ; on leur opposera les seconds qui dépendent, dans une mesure plus large, de conditions particulières auxquelles des individus de l'espèce peuvent être momentanément adaptés. Mais peut-on être parfaitement assuré qu'on ne fera jamais de confusion entre les uns et les autres ? Peut-on affirmer que des caractères constants dans les conditions naturelles de la vie, apparemment capables de servir à la définition des espèces, ne sont pas en réalité des *caractères adaptatifs persistant grâce au maintien de conditions de vie constantes* bien qu'encore inconnues ou trop mal définies, comme persistent les caractères propres des betteraves sucrières grâce aux soins constants et bien connus du cultivateur ? Je voudrais montrer, pour le cas des Orchidées, combien la confusion sur ce point est possible et suggérer que les espèces généralement reconnues de ces plantes n'ont peut-être pas, malgré les apparences, une stabilité d'un autre ordre que celle des races d'élite dont j'ai parlé tout à l'heure.

Si l'on sème les graines d'un *Cattleya*, on constate qu'elles donnent dès la germination un protocorme tubérisé, ayant la forme d'un disque épais adhérent au support par sa face inférieure et portant le bouquet des premières feuilles au centre de la face opposée. C'est là pour une jeune plante une forme des plus particulières ; elle s'observe ici avec une constance absolue, comme le montre l'examen de semis faits dans des serres où les *Cattleya* germent par milliers. Selon toute apparence, il y aurait là un caractère du plus haut degré de stabilité, capable d'être utilisé en systématique. Je pense cependant que c'est là un des caractères les plus nets qui traduisent l'adaptation à la symbiose et je considère son apparition comme due à l'action des champignons.

Les graines d'Orchidées, comme je l'ai montré, sont sélectionnées par les champignons qu'elles rencontrent et la symbiose est une condition naturelle nécessairement imposée à toutes celles de ces graines qui parviennent à germer. Il n'est nullement exagéré de comparer l'importance qu'ont les champignons pour les Orchidées à l'importance qu'ont les agriculteurs pour le maintien des races d'élite qu'ils cultivent. Pour savoir quels sont, chez une espèce d'Orchidée, les caractères indépendants de la symbiose, il faudrait éviter l'intervention des champignons, comme on peut supprimer l'action de l'agriculteur quand on se propose de découvrir chez des races améliorées les caractères indépendants de la culture.

Pour les Orchidées, l'expérience n'est en général pas immédiatement réalisable. Si l'on supprime le Rhizoctone qui fait germer un *Cattleya*, *sans modifier d'ailleurs aucune autre des conditions du semis*, la germination ne se fait plus. On peut bien, en vérité, réaliser, comme j'ai dit, des conditions particulières et nouvelles, équivalentes à la symbiose, dans lesquelles la germination se produira, sans que d'ailleurs le protocorme discoïde cesse de se former; mais l'expérience ainsi faite n'a plus de valeur démonstrative, car la *substitution d'une condition à une autre n'équivaut pas à sa suppression*.

Parmi les Orchidées que j'ai étudiées, le *Bletilla hyacinthina* seulement s'est prêté à une expérience directe. Pour cette espèce primitive, la culture comparative, sur des milieux dilués, avec ou sans champignons, est possible et l'expérience montre clairement que la formation d'un protocorme est sous la dépendance de l'action des Rhizoctones commensaux. Pour les Orchidées comme les *Cattleya* dont l'asservissement à la symbiose est plus strict, on pourrait tenter, une fois la germination *autonome* réalisée par l'action d'une solution concentrée, de poursuivre la culture de génération en génération sur des milieux *de plus en plus dilués et toujours sans champignons*. L'expérience n'est pas faite et sans doute elle serait longue ; mais on peut au moins penser, d'après les faits acquis pour le cas du *Bletilla*, qu'elle aboutirait à donner des *Cattleya* germant sans former de protocorme.

Quelques-uns au moins des caractères apparemment fixes des Orchidées, peuvent donc dépendre plutôt de la symbiose, condition constante de vie, que de la constitution héréditaire des chromosomes apportés par les germes. Une dégénérescence plus ou moins complète de ces caractères serait sans doute possible si le mode de vie des Orchidées changeait. En tout cas, cette dégénérescence est prévenue depuis des temps lointains par la permanence de la symbiose ; cette condition, pour avoir été ignorée de ceux qui ont distingué la famille ou qui l'ont divisée en genres et en espèces, ne reste pas moins essentielle.

Le problème de l'adaptation à la symbiose peut encore se prêter à l'expérience par une voie différente de celle que je viens de suggérer. Des Orchidées adaptées à vivre avec un champignon d'un certain degré d'activité peuvent tolérer la symbiose avec des champignons d'activité plus grande. Elles réagissent alors en se développant avec plus d'exubérance et en présentant parfois des modes de germination anormaux. Quelques-uns des semis obtenus ainsi dans ces conditions exceptionnelles ont présenté le polymorphisme que Hugo de Vries a noté dans les semis de plantes en voie de mutation. L'extrême lenteur du développement des Orchidées, qui ne fleurissent jamais avant plusieurs années de vie, rendrait par malheur particulièrement laborieux d'apprécier le degré de fixité de ces caractères brusquement acquis.

Quel que soit le degré d'imperfection auquel des difficultés matérielles ont limité mes expériences, il m'a paru qu'une interprétation lamarckienne des faits pouvait au mieux leur donner une cohésion suggestive. C'est là, en définitive, une raison valable pour adopter une doctrine, tant que la réflexion la plus attentive n'a pas fourni contre elle d'argument décisif.

DESCRIPTION D'UNE FLEUR D'ORCHIDÉE

(EXPLICATION DE LA FIGURE)

Si l'on compare une fleur d'Orchidée à une fleur d'Amaryllidée, on voit qu'elle en diffère d'abord par sa symétrie générale, bien marquée par le développement d'un labelle, ensuite par la réduction de l'androcée à deux (Cypripède) ou une seule (Odontoglosse) étamine fertile, enfin par la soudure de l'androcée ainsi réduit et du style, dont l'ensemble forme au centre de la fleur une colonne massive : une étude attentive en fait seule connaître les éléments.

Dans la fleur d'*Odontoglossum crispum* (fig. 29, A) que je prends pour exemple, en la supposant orientée comme dans la figure, la colonne est formée d'un style terminé par trois stigmates et d'une étamine unique située en arrière de ce style. — Le sommet de cette colonne est incurvé en avant, de manière que le stigmate impair ou rostellum (fig. 29, B, *r*), bien reconnaissable à la masse visqueuse brune qui le termine (masse adhésive) surplombe les deux stigmates latéraux déprimés (*st* fig. 29, B). L'anthère unique, incurvée aussi vers l'avant est couchée sur le rostellum, sa face inférieure contre laquelle affleurent les deux sacs polliniques étant appliquée contre lui et lui étant soudée.

L'anthère s'ouvre par une fente circulaire presque complète qui suit sa ligne de contact avec le rostellum, si bien que tout le tissu stérile qui surmonte les masses polliniques, qui reste normalement en place,

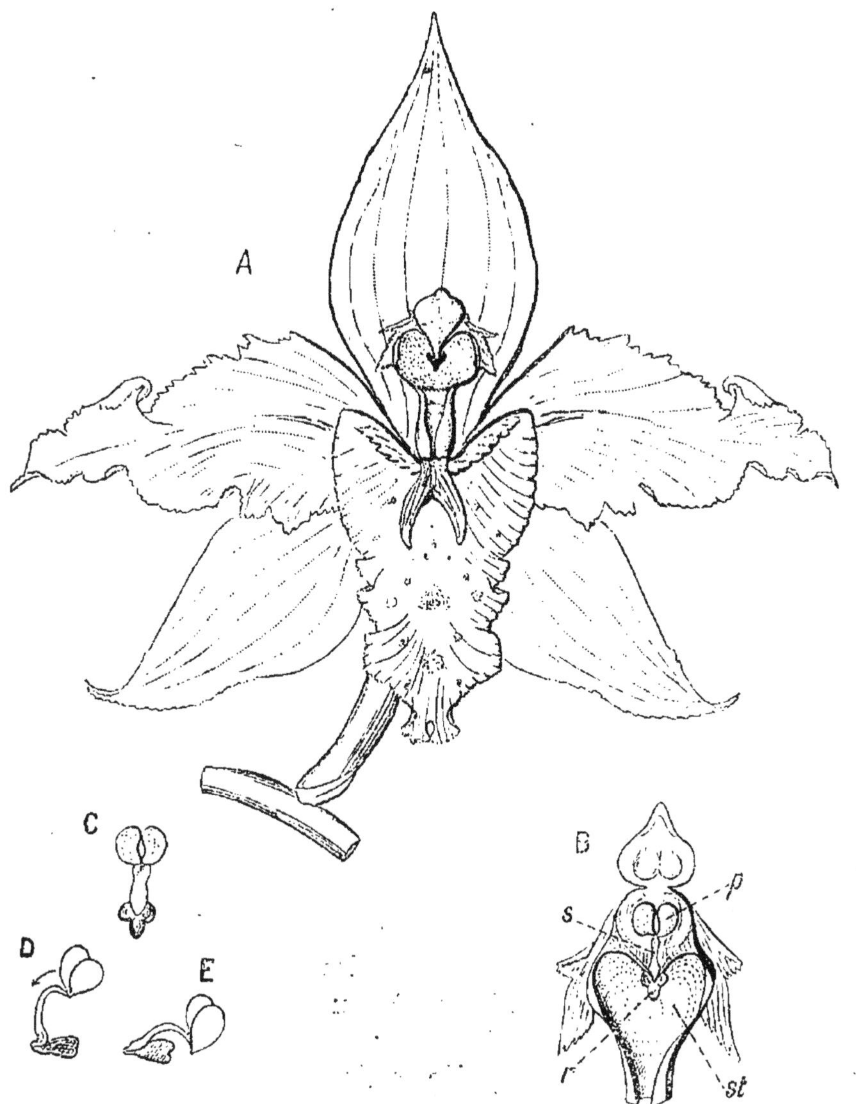

Fig. 29.

A. — Fleur d'*Odontoglossum crispum*.

B. — Détail de la colonne : *st*, stigmate, — *p*, pollinie ; — *s*, stylet, — *r*, masse adhésive.

C. — Pollinies, stylet et masse adhésive, vus de face.

D et E. — Double mouvement du stylet et des pollinies.

peut s'écarter comme un couvercle à charnière (partie supérieure du dessin, fig. 29, B), laissant apparaître les deux masses de pollen. Celles-ci sont cohérentes, piriformes, et soudées au rostellum par leur partie antérieure pointue.

Pour féconder la fleur, on retire les pollinies, il suffit pour cela de toucher la masse adhésive, le stylet et les pollinies viennent, puis les pollinies s'incurvent sur le stylet ; plus tard le stylet s'abaisse, ce second mouvement est le plus visible (fig. 29, D, E).

C'est ce que font les horticulteurs dans les serres et les Insectes dans la nature.

En dehors de cette intervention, la fécondation ne se produit pas. Le rôle des Insectes est ici considérable.

Evidemment il s'agit là de dispositifs très complexes témoignant d'un haut degré d'évolution ; ces dispositifs favorisent les croisements. Darwin voyait là une circonstance favorable à la production des graines et c'est en partie de ce cas qu'il a déduit son adage : « La nature a horreur de l'autofécondation ».

En ce qui concerne les Orchidées, c'est un avantage contestable. Beaucoup d'entre elles supportent l'autofécondation et donnent des milliers de graines dont on a étudié plus haut (V. chap. XIII) le curieux mode de germination.

TABLE DES MATIÈRES

PREMIÈRE PARTIE

LOIS GÉNÉRALES DE L'ÉVOLUTION

CHAPITRE PREMIER

ÉVOLUTION INDIVIDUELLE ET SEXUALITÉ

CHAPITRE II

LA NOTION D'ESPÈCE

CHAPITRE III

L'HÉRÉDITÉ DES CARACTÈRES

CHAPITRE IV

ESPÈCES ET VARIÉTÉS

CHAPITRE V

CROISEMENT ET VARIATION

DEUXIÈME PARTIE

LES PLANTES SUPÉRIEURES

CHAPITRE VI

LES HÉPATIQUES ET LES MOUSSES (*Muscinées*).

CHAPITRE VII

CARACTÈRES GÉNÉRAUX DES PLANTES VASCULAIRES

CHAPITRE VIII

PTÉRIDOPHYTES OU CRYPTOGAMES VASCULAIRES

CHAPITRE IX

CARACTÈRES GÉNÉRAUX DES PHANÉROGAMES

CHAPITRE X

GYMNOSPERMES

CHAPITRE XI

ANGIOSPERMES

TROISIÈME PARTIE

QUELQUES HYPOTHÈSES

CHAPITRE XII

FORMES JUVÉNILES ET PROTONEMA DES MOUSSES

CHAPITRE XIII

L'ÉVOLUTION DANS LA SYMBIOSE

BIBLIOTHÈQUE SCIENTIFIQUE INTERNATIONALE

Volumes in-8 cartonnés à l'anglaise ; ouvrages à 6, 9 et 12 fr.

Extrait de la liste :

ARLOING, professeur à l'École de médecine de Lyon. **Les virus.** 1 vol. in-8 . 6 fr.
BERNSTEIN. **Les sens.** 5e édition. 1 vol. in-8, avec 91 figures . . . . . . 6 fr.
BINET et FÉRÉ. **Le magnétisme animal.** 5e édition. 1 vol. in-8 . . . . . . 6 fr.
CANDOLLE (de). **L'origine des plantes cultivées.** 5e édition. 1 vol. in-8 . . 6 fr.
CHARLTON BASTIAN. **L'évolution de la vie.** 1 vol. in-8 avec fig. et pl. . 6 fr.
COOKE et BERKELEY. **Les champignons.** 4e édition. 1 vol. in-8 avec figures. . 6 fr.
COSTANTIN (J.), de l'Institut, professeur au Muséum. **Les végétaux et les milieux cosmiques** (*adaptation, évolution*). 1 vol. in-8, avec 171 gravures. . . . 6 fr.
— **Le transformisme appliqué à l'agriculture.** 1 vol. in-8, avec 105 gravures. 6 fr.
CRESSON (A.), docteur ès lettres, professeur au collège Chaptal. **L'espèce et son serviteur** (*Sexualité, moralité*). 1 vol. in-8, avec 42 grav . . . . 6 fr.
CUÉNOT (L.), professeur à la Faculté des sciences de Nancy. **La genèse des espèces animales.** 1 vol. in-8 avec 123 grav. dans le texte. (*Couronné par l'Académie des sciences.*) . . . . 12 fr.
CYON (E. de). **L'oreille,** *organe d'orientation dans le temps et dans l'espace.* 1 vol. in-8 avec 45 grav. dans le texte, 3 planches hors texte et 1 portrait de Flourens. . . . . 6 fr.
DEMOOR, MASSART et VANDERVELDE. **L'évolution régressive en biologie et en sociologie.** 1 vol. in-8, avec gravures . . . . 6 fr.
HUXLEY. **L'écrevisse.** *Introduction à la zoologie.* 2e édit. 1 vol. in-8 avec fig. 6 fr.
LALOY (L.). **Parasitisme et mutualisme dans la nature.** Préface du professeur A. GIARD, de l'Institut. 1 vol. in-8 avec 82 gravures. . . . . 6 fr.
LANESSAN (J.-L. de), professeur agrégé d'histoire naturelle à la Faculté de médecine de Paris, ancien ministre. **Transformisme et créationisme.** *Contribution à l'histoire du transformisme depuis l'antiquité jusqu'à nos jours.* 1 vol. in-8. . . . . 6 fr.
LE DANTEC, chargé du cours de biologie à la Sorbonne. **Théorie nouvelle de la vie.** 5e édit. 1 vol. in-8, avec figures. . . . . 6 fr.
— **Évolution individuelle et hérédité.** *Théorie de la variation quantitative.* 2e édit. revue et augmentée d'une préface nouvelle. 1 vol. in-8. . . . . . 6 fr.
— **Les lois naturelles.** 2e édit. 1 vol. in-8, avec gravures. . . . . 6 fr.
— **La stabilité de la vie.** *Étude énergétique de l'évolution des espèces.* 1 vol. in-8. . . . . 6 fr.
LŒB, professeur à l'Université Berkeley. **La dynamique des phénomènes de la vie.** Traduit par MM. DAUDIN et SCHAEFFER. Préface de M. le professeur A. GIARD, de l'Institut. 1 vol. in-8, avec fig. . . . . 9 fr.
LUBBOCK (Sir John). **Les sens et l'instinct chez les animaux,** *principalement chez les Insectes.* 1 vol. in-8, avec 150 figures . . . . 6 fr.
PERRIER (Edm.), de l'Institut, directeur du Muséum d'histoire naturelle. **La philosophie zoologique avant Darwin.** 3e édition. 1 vol. in-8 . . . . 6 fr.
PETTIGREW. **La locomotion chez les animaux,** *marche, natation et vol.* 2e édition. 1 vol. in-8, avec figures. . . . . 6 fr.
QUATREFAGES (de), de l'Institut. **L'espèce humaine.** 15e édit. 1 vol. in-8. 6 fr.
— **Darwin et ses précurseurs français.** 2e édit., refondue. 1 vol. in-8 . . 6 fr.
— **Les émules de Darwin.** 2 v. in-8. avec préf. de MM. Ed. PERRIER et HAMY. 12 fr.
RICHET (Ch.), de l'Institut, professeur à la Faculté de médecine de Paris. **La chaleur animale.** 1 vol. in-8, avec figures. . . . . 6 fr.
ROCHÉ (G.). **La culture des mers** (*piscifacture, pisciculture, ostréiculture*). 1 vol. in-8, avec 81 gravures . . . . 6 fr.
SCHMIDT (O.). **Les mammifères dans leurs rapports avec leurs ancêtres géologiques.** 1 vol. in-8, avec 51 figures. . . . . 6 fr.
TOPINARD. **L'homme dans la nature.** 1 vol. in-8, avec figures . . . . . . 6 fr.
VAN BENEDEN. **Les commensaux et les parasites dans le règne animal.** 4e édition. 1 vol. in-8, avec figures. . . . . 6 fr.
VRIES (Hugo de). **Espèces et variétés.** Traduction et préface par L. BLARINGHEM, chargé d'un cours à la Sorbonne. 1 vol. in-8. . . . . 12 fr.

Envoi franco contre mandat-poste.

NOUVELLE COLLECTION SCIENTIFIQUE

Publiée sous la direction de M. Émile BOREL
Professeur à la Sorbonne, sous-directeur de l'École normale supérieure

Volumes in-16 à 3 fr. 50 l'un.

Derniers ouvrages parus :

L'Évolution des plantes, par Noel Bernard, professeur à la Faculté des sciences de Poitiers Préface de *J. Costantin*, membre de l'Institut, professeur au Muséum d'histoire naturelle. Avec 29 fig.

La Conception mécanique de la vie, par J. Loeb, professeur à l'Université de Berkeley. Traduit de l'anglais par *H. Mouton*.

Le Combat, par le Général Percin, ancien membre du Conseil supérieur de la Guerre.

Henri Poincaré. *L'œuvre scientifique. L'œuvre philosophique*, par V. Volterra, J. Hadamard, P. Langevin, P. Boutroux.

Le Hasard, par Émile Borel.

Précédemment publiés (liste par ordre d'apparition) :

Éléments de Philosophie biologique, par F. Le Dantec, chargé du cours de biologie générale à la Sorbonne. 3e édit.

La Voix. *Sa culture physiologique. Théorie nouvelle de la phonation*, par le Dr P. Bonnier. 4e édit. Avec figures.

L'Education dans la famille. *Les péchés des parents*, par P.-F. Thomas, professeur au lycée de Versailles. 4e édit. *(Couronné par l'Institut)*.

De la Méthode dans les Sciences, 1re série, par P.-F. Thomas, Émile Picard, J. Tannery, P. Painlevé, M. Bouasse, M. Job, A. Giard, F. Le Dantec, Pierre Delbet, Th. Ribot, E. Durkheim, L. Lévy-Bruhl, G. Monod. 3e édit.

De la Méthode dans les Sciences, 2e série, par E. Borel, B. Baillaud, J. Perrin, L. Bertrand, R. Zeiller, L. Blaringhem, S. Reinach, G. Lanson, A. Meillet, L. March, 3e édit.

La Crise du Transformisme, par F. Le Dantec. 2e édit.

L'Energie, par W. Ostwald, prof. honoraire à l'Université de Leipzig (*Prix Nobel de 1909*). Traduit de l'allemand par *E. Philippi*, licencié ès sciences. 4e édit.

Les États Physiques de la Matière, par Ch. Maurain, chargé de cours à la faculté des sciences de Paris. 3e édit.

La Chimie de la Matière Vivante, par J. Duclaux, préparateur à l'Institut Pasteur. 2e éd.

La Race slave. *Statistique, Démographie, Anthropologie*, par L. Niederle, professeur à l'université de Prague. Traduit du tchèque et précédé d'une préface par *L. Léger*, de l'Institut. Avec une carte en couleurs hors texte.

L'Evolution des théories géologiques, par Stanislas Meunier, professeur au Muséum d'histoire naturelle. Avec gravures.

Le Transformisme et l'expérience, par E. Rabaud, maître de conférences à la Sorbonne. Avec 12 figures.

L'Évolution de l'Electrochimie, par W. Ostwald, traduit par *E. Philippi*.

Science et philosophie, par J. Tannery, de l'Institut. Avec une notice par *E. Borel*.

Le Maroc physique, par L. Gentil, professeur adjoint à la Sorbonne, directeur de l'Institut de recherches scientifiques de Rabat. 3e édit.

Les Atomes, par J. Perrin, professeur de chimie physique à la Sorbonne. 5e édit., revue. (*Ouvrage couronné par l'Académie des Sciences*). Avec fig.

La Question de la population, par Paul Leroy-Beaulieu, de l'Institut. 3e édit. (*Couronné par l'Institut*).

L'Aviation, par P. Painlevé, de l'Institut, E. Borel, et Ch. Maurain, directeur de l'Institut aérotechnique de l'Université de Paris. 6e édit., revue. Avec 48 grav.

Le Système du monde. *Des Chaldéens à Newton*, par J. Sageret. Avec figures.

Le Froid industriel, par L. Marchis, professeur à la Faculté des sciences de Paris. Avec 104 figures.

ÉVREUX, IMPRIMERIE CH. HÉRISSEY

LIBRAIRIE FÉLIX ALCAN, 108, boul. Saint-Germain, Paris (6e)

NOUVELLE COLLECTION SCIENTIFIQUE

Volumes in-16 à 3 fr. 50

Derniers volumes parus.

BERNARD (Noël). — **L'Évolution des Plantes.** Préface de J. COSTANTIN, membre de l'Institut. Avec gravures.

LOEB (J.), professeur à l'Université de Berkeley. — **La conception mécanique de la vie.** Traduit de l'anglais par H. MOUTON. Avec 58 figures.

PERCIN (Général), ancien membre du Conseil supérieur de la Guerre. — **Le combat.**

BOREL (E.), professeur à la Faculté des Sciences de Paris. — **Le hasard.**

VOLTERRA (V.), prof. à l'Université de Rome, HADAMARD (J.), membre de l'Institut, LANGEVIN (P.), professeur au Collège de France, BOUTROUX (Pierre), professeur à l'Université de Poitiers. — **Henri Poincaré.** *L'œuvre scientifique. L'œuvre philosophique.*

MARCHIS (L.), prof. à la Faculté des Sciences de Paris. — **Le froid industriel.** Avec 104 fig.

PAINLEVÉ (Paul), de l'Institut, BOREL (Émile) et MAURAIN, Dr de l'Institut aérotechnique de l'Université de Paris. — **L'aviation.** 6e édition, revue et augmentée. Avec 48 fig.

SAGERET (J.). — **Le système du monde.** *Des Chaldéens à Newton.* Avec 20 fig.

LEROY-BEAULIEU (Paul), membre de l'Institut. — **La question de population.** (*Couronné par l'Institut.*)

PERRIN (Jean), professeur à la Sorbonne. — **Les atomes.** Avec 13 fig. 5e édition, revue. (*Couronné par l'Académie des Sciences.*)

Précédemment parus.

LE DANTEC (F.), professeur à la Sorbonne. — **La crise du transformisme.** 2e édition.

MAURAIN (Ch.), professeur à la Faculté des Sciences de Caen. — **Les états physiques de la matière.** 3e édition. Avec gravures.

DUCLAUX (J.), préparateur à l'Institut Pasteur. — **La chimie de la matière vivante.** 3e éd.

NIEDERLE (Lubor.). — **La race slave.** Préface, par L. LEGER, de l'Institut. Avec carte en couleurs hors texte.

MEUNIER (Stanislas), professeur de géologie au Muséum d'histoire naturelle. — **L'évolution des théories géologiques.** Avec gravures.

BUAT (E.), lieutenant-colonel d'artillerie. — **L'artillerie de campagne.** *Son histoire, son évolution, son état actuel.* Avec 75 gravures.

RABAUD (E.), maître de conférences à la Sorbonne. — **Le transformisme et l'expérience.** Avec gravures.

TANNERY (J.), de l'Institut. — **Science et philosophie**, avec une notice par E. BOREL.

GENTIL (L.), professeur adjoint à la Sorbonne, directeur de l'Institut scientifique de Rabat. — **Le Maroc physique.** Avec cartes.

LE DANTEC (F.), professeur à la Sorbonne. — **Éléments de philosophie biologique.** 3e éd.

BONNIER (Dr P.), laryngologiste de la clinique médicale de l'Hôtel-Dieu. — **La voix.** *Sa culture physiologique. Théorie nouvelle de la phonation.* 4e édition. Avec gravures.

THOMAS (P.-F.), professeur au lycée Hoche. — **L'éducation dans la famille.** *Les péchés des parents.* 4e édition. (*Couronné par l'Institut.*)

De la méthode dans les sciences (*1re série*). 3e édition.

De la méthode dans les sciences (*2e série*). 3e édition.

Coulommiers. Imp. PAUL BRODARD. — 3-18.

www.ingramcontent.com/pod-product-compliance
Ingram Content Group UK Ltd.
Pitfield, Milton Keynes, MK11 3LW, UK
UKHW020157250726
13967UKWH00003B/1112